Beatrice Jäger

Waldbau für Jäger

BLV

Bayerischer Landwirtschaftsverlag

Beatrice Jäger

Waldbau für Jäger

Wie Forstwirtschaft und Jagd den Wald von morgen schützen

BLV

Vorwort

»Aha, o.k., und was macht man da?«, »Ich dachte, du trägst später mal Bleistiftrock und High Heels!«, »Das kann ich mir bei dir irgendwie nicht vorstellen ...«. Das alles waren Reaktionen aus meinem Freundeskreis, als ich kurz vor den Abiturprüfungen entschieden hatte, dass ich Forstwissenschaft studieren möchte. Zugegeben, nachdem ich voller Motivation meinen Studiengang festgelegt hatte, waren diese Reaktionen ein kleiner Dämpfer, und um ehrlich zu sein, hat mich die Entscheidung ein Stück weit selbst überrascht.

Ich selbst bin ohne Bezug zur Forstwirtschaft und auch zur Jagd aufgewachsen. Beide Themen haben in meinem Leben keine Rolle gespielt, da mir schlichtweg der Kontakt dazu gefehlt hat. Auf dem Gymnasium begegnete mir der Wald nur in Form des tropischen Regenwaldes, hier im Kontext mit Raubbau und ein paar biologischen Grundlagen - die Jagd jedoch wurde nie thematisiert. Dabei sollte es eine Selbstverständlichkeit sein, die heimischen Ökosysteme und ihre Abläufe zu kennen und im Zuge dessen auch die Möglichkeiten, diese als Mensch bestmöglich zu unterstützen und nachhaltig zu nutzen.

Ich erinnere mich an eine kleine Radtour mit meiner besten Freundin im Frühling vor den Abiturprüfungen. Die Isarauen waren quasi mein »Heimatwald«, und schockiert musste ich bei einer kurzen Pause feststellen, dass ich im Grunde absolut nichts über ihn wusste. Ich ließ meinen Blick über die Flächen schweifen und konnte kaum eine Baumart benennen, die Geräusche der Tierwelt nicht zuordnen. Meine Umgebung war für mich nur eine grüne Kulisse. Dieses Erlebnis war für mich einschneidend. Bereits in den Jahren zuvor habe ich begonnen, mir Gedanken über meinen Lebensstil und die damit zusammenhängenden Auswirkungen zu machen. Die Themen Regionalität, Nachhaltigkeit und Naturschutz waren zu dieser Zeit noch ein Spezialgebiet einzelner Personenkreise. Der Mehrheit ging es vielmehr darum, stets das neueste Automodell, die neueste Mode und einen Reisepass mit möglichst vielen Stempeln zu besitzen, das alles begleitet von dem großen Druck, jederzeit mit den anderen mithalten zu können. Wald, Natur und Ökologie waren »uncool«, ja fast schon »ewig gestrig«. Ich habe mich früher darüber gewundert, dass meine Mutter in unserem Garten eigenes Gemüse angebaut hat. Statt Löwenzahn (der z.B. in den Kartoffelsalat geschnitten wurde) aus dem englischen Rasen zu stechen und Ziergehölze zu pflanzen, wurden die

Obstgehölze geschnitten und die Gemüsebeete gepflegt. Rückblickend bin ich dankbar dafür, dass sie ihrer Linie immer treu geblieben ist und so einen Grundstein für mein jetziges Leben gelegt hat. Am Anfang meiner Teenagerzeit begann ich zu hinterfragen, welche konkreten Auswirkungen mein persönlicher Lebensstil hat. Plötzlich beschäftigte ich mich damit, woher meine Lebensmittel und Alltagsprodukte stammen, unter welchen Bedingungen sie hergestellt werden. Das führte dazu, dass ich eine Zeit lang vegetarisch gelebt habe. Für mich war diese Entscheidung eine notwendige Reißleine, die mir Zeit verschafft hat, mich zu sortieren und meinen eigenen Lebensstil zu formen. Auf einmal interessierten mich Bereiche wie die Landwirtschaft, der Gartenbau und, ja, ihn gab es auch noch, der Wald. Dass der Wald und sein Holz ein großes Berufsfeld darstellen, war mir zu dieser Zeit nicht bewusst. Im Abschlussjahr erhielten die Abiturienten unseres Gymnasiums einen Studienführer mit allen Studiengängen an sämtlichen Hochschulen, die es in Deutschland gibt. Seite für Seite blätterte ich ihn durch, bis ich auf das Studium der Forstwissenschaften stieß. Ich las mir die Beschreibung durch und schrieb mich wenige Wochen später für ausschließlich diesen Studiengang ein, einen Plan B gab es für mich nicht. Ich hatte genau das gefunden, was mich bis heute erfüllt. Eine Basis und ein Konzept, um unsere Natur verstehen zu lernen und mit ihr so umgehen zu können, dass wir und nachfolgende Generationen sowohl die Umwelt aufwerten als auch eine sichere Lebensgrundlage für uns selbst bewahren können. Dass ich dabei auch mit der Jagd in Kontakt kommen würde, war mir bewusst. Für mich war die Jagd ein weiterer wichtiger Schritt in Richtung eines autarken Lebens. Sie bietet mir auf der einen Seite die Möglichkeit, mein eigenes Fleisch ökologisch, fair und regional zu erhalten, und auf der anderen Seite der Natur ein Stück zurückzugeben, beispielsweise durch die Aufwertung von Lebensräumen. Auf dem Weg zum Jagdschein habe ich mehrere Jahre in Revieren mitgeholfen und mich mit der Verwertung des Fleisches vertraut gemacht. Noch vor dem Jagdschein habe ich den Fischereischein erworben und mich somit dem eigenständigen Entnehmen und Verwerten von Tieren weiter angenähert.

Meine Philosophie ist es, der Natur so viel Raum zur Entfaltung zu geben wie irgend möglich.

BEATRICE JÄGER

Nur zu gut erinnere ich mich an mein erstes Stück Wild, das ich selbst erlegt habe. Zum ersten Mal die Person am Abzug zu sein, zum ersten Mal die komplette Verwertungskette zu erleben, zum ersten Mal das direkt aus der Natur tierschutzgerecht gewonnene, unverfälschte, hochwertige Lebensmittel Fleisch selbst zuzubereiten und nicht zuletzt dafür unendlich dankbar zu sein. Dieses Erlebnis war für mich ein Gefühl des Ankommens, des Erdens.

In meinem heutigen beruflichen Alltag vereine ich die Bewirtschaftung des Waldes und anderer Naturflächen mit der Jagd. Meine Philosophie ist es, der Natur so viel Raum zur Entfaltung zu geben wie irgend möglich. Sie so zu unterstützen, dass sie mir im Gegenzug ermöglicht, die natürlichen Ressourcen für mein und unser aller Leben nachhaltig zu nutzen. Ich strebe eine multifunktionale Forstwirtschaft an, die die Belange der Natur und des Menschen nachhaltig vereint. Dabei ist mir die Erzeugung von regionalem, qualitativ hochwertigem Holz gleichwohl ein Anliegen - ebenso wie die aktive Gestaltung und Verbesserung der Lebensraumsituation aller vorhandenen Tier- und Pflanzenarten sowie Lebensformen.

Beatrice Jäger

Einleitung

Forstwirtschaft und Jagd dürfen gerade in Zeiten des Klimawandels niemals getrennt voneinander betrachtet werden.

Warum müssen Wald und Jagd zusammen gedacht werden?

Der Wald und die Biotope darin mit der ganzen Vielfalt an Pflanzen, Tieren, Pilzen und Mikroorganismen sind Teil des gleichen Ökosystems, in dem sich Forstwirtschaft und Jagd bewegen und sich wechselseitig beeinflussen. Das Handeln in einem der beiden Bereiche hat direkten Einfluss auf den anderen.

Unsere Wälder sind komplexe Ökosysteme und somit weder rein als Kulisse zu betrachten noch auf ihre Bewohner zu reduzieren. Ein **Ökosystem** besteht immer aus einem belebten und einem unbelebten Teil. Grundlage des unbelebten Teils (das sind die **Biotope**, also der Lebensraum an sich) sind die Klimabedingungen (Temperatur, Niederschlag, Sonneneinstrahlung und Wind) und die dadurch vorhandenen natürlichen Ressourcen wie Licht oder Wasser. Darüber hinaus gehören der Boden, der sich aus dem örtlichen Grundgestein bildet, und auch die Topografie dazu. Jedes Biotop stellt eine Lebensgrundlage für unterschiedlichste Organismen dar. Die Gesamtheit der Lebewesen im Ökosystem nennt man **Biozönose**. Hierzu gehören Pflanzen, Tiere, Pilze und Mikroorganismen gleichermaßen. Die Natur hat in ihren Systemen für jedes Problem eine Lösung. Alles, was an Material anfällt, wird von Lebewesen verwendet, entstehender Raum wird direkt besiedelt. Dinge wie Müll existieren hier nicht. Jedoch hinterlässt jedes Lebewesen charakteristische Spuren, die auf den jeweiligen Wohnraum oder die spezielle Ernährung zurückzuführen sind. Wo man Füchse findet, ist ein Bau in der Nähe, wo Maulwürfe leben, wird man Erdhaufen finden, wo Biber wohnen, findet man angenagtes Holz und eine Burg. Auch unser Leben hinterlässt Spuren. Grundsätzlich ist der Mensch ein Teil der Natur, wir lassen uns in den Stammbaum der Biologie einordnen wie jedes andere Tier auch. Wir benötigen zum Leben Platz für unsere Gebäude, Holz und andere Rohstoffe, um diese zu bauen, und natürlich Nahrung. Für das Holz bewirtschaften wir Wälder, für unsere Nahrung bestellen wir Äcker. Jedes Handeln in diesen Bereichen stellt einen Eingriff in ein Ökosystem dar und verändert ein Biotop. Mit der Veränderung eines Lebensraums ändern sich auch dessen Bewohner. Diesen Zusammenhang verinnerlicht zu haben ist die Voraussetzung für jeden Eingriff in unsere Umwelt. Bezogen auf meine Arbeit bedeutet das, dass ich neben den Faktoren, die für die Erzeugung von Holz entscheidend sind, auch über die Auswirkungen auf andere Lebewesen nachdenke und meine Entscheidungen so abwäge, dass ich die bestmögliche Variante für alle Bereiche finde. Jeden Faktor komplett zu berücksichtigen ist nicht möglich. Aber es ist möglich, die Schnittmenge zu optimieren und dadurch ein gutes Ergebnis für alle Bereiche zu erzielen. Bepflanze ich z.B. eine Fläche neu, überlege ich mir, welche Baumarten zum Standort passen und produktiv sind, welches Holz dort erzeugt werden kann. Im gleichen Atemzug beachte ich die große forstbetriebliche Situation. Befinde ich mich im Wald in einem großen Nadelholzbereich, bin ich nah an Gewässern, sind die Altersstrukturen der umliegenden Bäume gleichförmig? Daraus kann ich ableiten, ob ich beispielsweise eher eine Laubholzinsel pflanze, die im Frühjahr Licht auf den Boden lässt und im Herbst durch Sämereien Nahrung bietet, oder ob ich Nadelholz pflanze und so einen Rückzugsort mit Deckung schaffe. Mit der Art und Weise der Umsetzung kann ich wiederum die Fläche in eine andere Richtung lenken.

Die Forstwirtschaft und die Jagd bewegen sich beide im gleichen Ökosystem und beeinflussen sich daher wechselseitig. Das Handeln in dem einen Bereich hat direkte Auswirkungen auf den anderen. Aus diesem Grund ist es wichtig, stets beides zusammen zu betrachten. Die Forstwirtschaft erstrebt einen gesunden Wald, der es uns auch in Zukunft ermöglicht, wertvolle Ressourcen zu beziehen, die Jagd richtet den Fokus auf einen gesunden Wildbestand. Gemeinsam können wir das Ökosystem »Wald« nachhaltig gestalten und die beiderseitigen Interessen vereinen.

↑ Die Forstwirtschaft erstrebt einen gesunden Wald, die Jagd einen gesunden Wildbestand. Nur gemeinsam können wir das Ökosystem Wald nachhaltig gestalten.

↓ Durch forstwirtschaftliche Eingriffe lassen sich Lebensräume z. B. in Bezug auf das Nahrungsangebot für Wildtiere lenken.

↓ Unzählige verschiedene Biotope vereinen sich zu einem Ökosystem, in dem jedes Handeln einen Eingriff darstellt und den Lebensraum verändert.

Wechselwirkung Waldbau und Wild

Jagd und Waldbau stehen in von Wechselwirkungen geprägtem Zusammenhang. Waldbauliche Handlungen beeinflussen die jagdlichen und umgekehrt. Ein gesunder Wald und gesunde Wildbestände können nur existieren, wenn beides ineinander greift.

Unser Wild benötigt ausreichend Nahrung (**Äsung**) und Rückzugsorte (**Deckung**). Beides wird durch waldbauliche Eingriffe beeinflusst. Durchforstungen, Endnutzungen und die Wahl der Baumart ändern z.B. das Äsungsangebot. Eine starke Durchforstung beispielsweise lässt Licht auf den Boden durch, wodurch sich eine Krautschicht einstellen kann. Forstkulturen und auch Naturverjüngung entwickeln sich zu Dickungen weiter, die besonders in Form von Nadelholz Deckung bieten und somit einen Ruheort für das Wild darstellen. Laubgehölze, die große Sämereien erzeugen, wie Eichen (*Quercus spec.*) oder die Rotbuche (*Fagus sylvatica*), beeinflussen in Mastjahren die Raumnutzung des Wildes. Die Jagd wiederum leistet einen wichtigen Beitrag bei der Etablierung junger Wälder und sollte deshalb frühzeitig in waldbauliche Entscheidungen mit eingebunden werden. Insbesondere Pflanz- und Verjüngungsflächen stellen über mehrere Jahre einen forstlichen und jagdlichen Schwerpunkt dar. Junge Pflanzen sind stetig dem Konkurrenzdruck der krautigen Vegetation ausgesetzt und müssen durch Pflegeeingriffe gefördert werden. Wild findet auf diesen Flächen besonders gute Äsungsbedingungen, was das Aufwachsen der jungen Pflanzen zusätzlich erschweren kann. Aufgrund dieser Wechselwirkungen müssen forstliche und jagdliche Planungen Hand in Hand greifen. Auf Jungflächen lassen sich z.B. jagdliche Kerngebiete mit einer Konzentration des Abschusses festlegen. Das bedeutet im Gegenzug aber auch, dass hier ein Bereich entsteht, der für das Wild mittelfristig nicht mehr vollkommen als Lebensraum zur Verfügung steht. Um dem entgegenzuwirken, kann man beispielsweise umliegenden Lebensraum z.B. mit Wildäckern aufwerten und auch in anderen Bereichen, in denen Wild keinen Druck mehr auf die Pflanzen ausübt, Jagdruhe einkehren lassen. Langfristig gibt es auch waldbauliche Möglichkeiten, den Druck auf entstehende Verjüngungsflächen zu reduzieren, indem gesamtbetrieblich darauf geachtet wird, Äsung und Deckung gleichmäßig bereitzustellen. Hier spielen die Wahl der Baumarten und die Größe der Eingriffe eine Rolle.

Zwei Herzen schlagen in meiner Brust: Ich bin leidenschaftliche Försterin und Jägerin. Doch betrachte ich diese Bereiche nicht getrennt, sie bilden für mich eine Einheit.

BEATRICE JÄGER

Jagd und Waldbau stehen in von Wechselwirkungen geprägtem Zusammenhang und müssen zusammen gedacht und umgesetzt werden. So ist es möglich, die Lebensbedingungen für das Wild und gleichzeitig die Aufwuchsverhältnisse für Jungpflanzen langfristig zu verbessern. Eine gute Zusammenarbeit von Forstwirtschaft und Jagd ist ein zentraler Punkt bei der Entwicklung klimastabiler Zukunftswälder.

↑ Die Entwicklung von klimastabilen Zukunftswäldern ist nur möglich, wenn Forstwirtschaft und Jagd zusammenarbeiten. Durchforstungen und Endnutzungen z.B. beeinflussen das Äsungsangebot und somit den Lebensraum fürs Wild.

Herausforderungen für Wald und Jagd durch den Klimawandel

Der im Zuge des Klimawandels angestrebte Waldumbau kann auch als Chance gesehen werden, unseren Wald in eine neue Richtung zu lenken, die Nutzung und Natur gleichermaßen gerecht wird.

Der Klimawandel mit all seinen Folgen und Unwägbarkeiten stellt zweifelsohne meine größte berufliche Herausforderung dar. Die Auswirkungen können punktuell sehr unterschiedlich sein, die Vorstellung, dass durchgehend alle Bereiche unserer Lebensräume trockener und wärmer werden, lässt sich so in der Praxis nicht verifizieren. Es wird Gegenden mit deutlich mehr Niederschlag und somit auch höherer Überschwemmungsgefahr geben, gleichwohl werden neue Trockengebiete entstehen. Wie sich das Wetter punktuell ändern wird, in welcher Intensität und vor allem in welchem Zeitraum, bleibt unbekannt. Seit mehreren Jahren steht die Forstwirtschaft im Zeichen des Waldumbaus. Das bedeutet eine Abkehr von großflächigen, gleichartigen und gleichaltrigen Wäldern hin zu einer kleineren Flächenstruktur mit unterschiedlichen Baumarten, die für den jeweiligen Standort geeignet sind. Mit dem Klimawandel kommen beim Waldumbau weitere Unsicherheitsfaktoren hinzu: unwägbare Veränderungen in Bezug auf Temperaturen und Niederschläge sowie Krankheiten und Schädlinge. Wissenschaftliche Untersuchungen geben hier wertvolle Anhaltspunkte zur Gestaltung unseres Zukunftswaldes. In einer dieser Untersuchungen, »Klimahüllen für 27 Waldbaumarten« (1), wurden jeweils die Klimabedingungen (Temperatur und Niederschlag), unter denen 27 Waldbaumarten natürlicherweise vorkommen, mit einer klimatischen Prognose für die Zukunft und dem aktuellen, nach dem Klima ausgerichteten Verbreitungsgebiet in Deutschland verschnitten. Daraus resultieren Diagramme, die sowohl das aktuelle klimatische Verbreitungsgebiet der Bäume als auch das im Zuge des Klimawandels prognostizierte Verbreitungsgebiet zeigen. Das gibt eine wichtige Orientierungshilfe, ob es aussichtsreich ist, an einem bestimmten Standort mit Blick auf die Zukunft eine Baumart zu pflanzen. Neben einheimischen Baumarten sind auch Baumarten mit Ursprungsgebieten im Ausland in die Untersuchung eingeflossen. Was sich allerdings nicht in Prognosen abbilden lässt, sind Faktoren wie neu auftretende Krankheiten und Schädlinge.

Auch wenn die momentane Situation ausweglos scheint, stimmt sie mich hoffnungsvoll. Ich sehe den Waldumbau als Chance, unseren Wald in eine neue Richtung zu lenken, die sowohl unsere Ansprüche an die Produktwelt Holz als auch den Schutz der Natur auf effektive und effiziente Weise vereint.

Der Umbau des Waldes verlangt zwangsläufig die Pflanzung von Bäumen. An Naturverjüngung kann immer nur das aufkommen, was auf den umliegenden Flächen bereits vorhanden ist. Möchte man die großflächigen Strukturen brechen und auch auf Kleinstandorte reagieren, müssen neue Baumarten aktiv eingebracht werden. In der modernen Forstwirtschaft werden kleinere Bestandsgrößen angestrebt, die Pflanzungen im Wald häufig den Status des Besonderen geben. Wachsen hier dann zudem seltene Baumarten, sind die Flächen für Schalenwild, insbesondere das Rehwild als Konzentratselektierer, besonders attraktiv. Das bedeutet, dass vor allem die für den Waldumbau künstlich eingebrachten Jungpflanzen einem höheren Druck durch das Wild ausgesetzt und besonders zu schützen sind.

Die Herausforderungen aus Klimawandel und Waldumbau sind groß, aber nicht unmöglich zu bewältigen. Ziehen alle Verantwortlichen und Mitwirkenden gemeinsam an einem Strang und setzen sich aktiv für die Natur ein, kann es uns gemeinsam gelingen, zukünftigen Generationen einen starken und gesunden Wald zu hinterlassen.

↑ Das Rehwild als Konzentratselektierer findet besonders Geschmack an Jungpflanzen seltener Baumarten.

Der Aufbau des Waldes und seine Funktionen

Der Wald ist in verschiedene Schichten untergliedert und erfüllt unterschiedliche Funktionen, indem er uns wertvolle Ressourcen liefert.

Was ist Wald?

Eine Definition von Wald ist im Bundeswaldgesetz zu finden und wird in den jeweiligen Landeswaldgesetzen noch weiter ausgestaltet. Neben der gesetzlichen Definition gibt es naturwissenschaftliche Ansätze.

Eine absolut simple Frage, solange man sie nicht beantworten muss. Wie man den Begriff »Wald« definieren kann, darüber habe ich mir bis zu meinem Studium nie Gedanken gemacht. Doch dann sitze ich im Hörsaal und bekomme unvermittelt diese Frage gestellt. Verlegen blicke ich auf meinen Schreibblock und fange an zu grübeln: »Das Erste, was mir dazu einfällt, ist eine Fläche mit Bäumen. Doch wie grenze ich dann eine Streuobstwiese davon ab oder einen Garten? Ist ein Park auch ein Wald? Und was die Bäume anbelangt: Es gibt davon ja unzählige Arten! Magnolien habe ich in unseren heimischen Wäldern noch keine gesehen, spielt das für die Definition eine Rolle? Muss die Fläche eine bestimmte Größe haben?«

Eine einfache Frage hatte in mir eine ganze Lawine von weiteren Fragen losgetreten. Und ich bin ehrlich, eine Antwort, die mich zu 100 Prozent zufriedengestellt hat, habe ich damals nicht gefunden.

Den Begriff »Wald« klar zu definieren, ist unglaublich wichtig. Nur so können Gesetze eine einheitliche Grundlage zum Schutz und zur Nutzung des Waldes schaffen. Aus diesem Grund legt der Gesetzgeber im **Bundeswaldgesetz** (BWaldG) diesen Begriff in § 2 Abs. 1 folgendermaßen fest:

»(1) Wald im Sinne dieses Gesetzes ist jede mit Forstpflanzen bestockte Grundfläche. Als Wald gelten auch kahlgeschlagene oder verlichtete Grundflächen, Waldwege, Waldeinteilungs- und Sicherungsstreifen, Waldblößen und Lichtungen, Waldwiesen, Wildäsungsplätze, Holzlagerplätze sowie weitere mit dem Wald verbundene und ihm dienende Flächen.«

Damit ist klar: Streuobstwiesen sind kein Wald, da hier keine Forstpflanzen stehen. In diesem Zusammenhang ist auch die Widmung einer Fläche wichtig. Mit der Widmung einer Fläche, z.B. Wald, Landwirtschaft, Siedlung, geht immer eine spezielle Nutzung einher. Eine landwirtschaftliche Fläche, wie etwa eine Wiese, darf nicht ohne Weiteres bepflanzt und zu Wald umgewandelt werden, da in diesem Fall eine Nutzungsänderung vorliegt, die genehmigt werden muss. Ebenso kann man nicht beliebig ein Stück Wald roden und dort ein Haus bauen, denn auch hierdurch ändert sich die Nutzung. Im fortlaufenden Gesetzestext von § 2 Abs. 2 BWaldG werden von der Definition des Waldes ausgenommene Flächenformen genannt, so z. B. Kurzumtriebsplantagen (in kurzem Umtrieb [kürzer 20 Jahre] über Stockausschläge bewirtschaftete Pappel- und Weidenflächen) oder kombinierte Flächennutzungen, sogenannte agroforstliche Nutzungen. Agroforstsysteme gewinnen insbesondere in den letzten Jahren in Deutschland zunehmend an Beliebtheit. Hier lassen sich z.B. die Erzeugung von Energieholz und die Haltung von Tieren kombinieren. Dabei kann eine Fläche beispielsweise so aufgebaut werden, dass streifenweise eine schnell wachsende Baumart zur Brennholzerzeugung (Pappel oder Weide) auf einer Wiese angepflanzt wird, während die Zwischenfelder frei bleiben. Hier gibt es nun Platz für die Freilandhaltung von Hühnern, die in den Streifenpflanzungen Unterschlupf und reichlich natürliche Nahrung finden. Aber auch kombinierte Systeme mit Ackerbau sind möglich.

Der Wald in Zahlen

Der Wald ist die Lebensader der Menschheit. Er versorgt uns mit Sauerstoff und Rohstoffen und beeinflusst das Klima maßgeblich. Aber: Wie groß ist eigentlich die Waldfläche Deutschlands, welches sind die waldreichsten Bundesländer und wie viel Wald gibt es weltweit?

42 %

der Landesfläche von Hessen und Rheinland-Pfalz sind jeweils mit Wald bedeckt, was sie zu den waldreichsten Bundesländern Deutschlands macht. Den geringsten Anteil an Waldfläche hingegen hat Schleswig-Holstein mit nur 11 %.

11,4

Millionen Hektar Wald gibt es in Deutschland. Etwa ein Drittel der Landesfläche ist also mit Wald bedeckt, was Deutschland zu einem der waldreichsten Ländern Europas macht. Der deutsche Wald ist somit in der Lage, 3,1 Milliarden Tonnen Kohlenstoff zu speichern, was umgerechnet 11,5 Milliarden Tonnen CO_2 sind. Deshalb kommt dem Wald in der Bekämpfung des Klimawandels auch eine besondere Rolle zu.

66,58

Meter ist die Größe des höchsten Baumes Deutschlands. Die Douglasie steht im Freiburger Stadtwald und heißt »Waltraut vom Mühlenwald«. Seit ihrer letzten Messung im Jahr 2017 ist sie sicherlich noch ein paar Zentimeter gewachsen.

77

Baumarten sind in den Wäldern Deutschlands heimisch. Am häufigsten sind Fichten, Kiefern, Buchen und Eichen in unseren Wäldern anzutreffen.

4

Milliarden Hektar Wald gibt es weltweit. Ein Drittel der weltweiten Landfläche ist mit Bäumen bedeckt. Das Land mit dem meisten Wald weltweit ist Russland, hier sind 815 Millionen Hektar mit Wald bedeckt. Insgesamt verringert sich die Waldfläche mit den vergangenen Jahrzehnten leicht, aber kontinuierlich.

Für Fälle wie Christbaumkulturen oder Parkanlagen gibt der Gesetzgeber in § 2 Abs. 3 BWaldG den Ländern die Freiheit, in ihren eigenen Landeswaldgesetzen zu entscheiden, ob diese Flächen dem Wald zuzuordnen sind. Das Bundeswaldgesetz fungiert als Rahmengesetz, das in den **Landeswaldgesetzen** noch weiter ausgestaltet wird. In § 1 BWaldG wird der Zweck des Gesetzes näher dargelegt. Hier werden die Erhaltung der **Waldfunktionen**, die **Förderung der Forstwirtschaft** und der **Interessenausgleich** von Waldbesitzern und der Allgemeinheit aufgeführt.

Neben der gesetzlichen Definition von Wald gibt es auch naturwissenschaftliche Ansätze. So entwickelt sich auf einer von Bäumen bestandenen Fläche in ausreichender Größe ein für Wald charakteristisches Eigenklima. Sicher ist Ihnen selbst schon aufgefallen, dass es im Sommer im Wald kühler ist als auf Freiflächen und die Bedingungen dort auch häufig feuchter erscheinen. Das Eigenklima entsteht zum einen durch die geringere Sonneneinstrahlung aufgrund des Kronendaches sowie durch eine höhere Luftfeuchtigkeit aufgrund der Verdunstung von Wasser an Blättern und Nadeln und zum anderen durch die geringeren Windgeschwindigkeiten im Wald, was die Austrocknung verringert. Gemäß der Betrachtung von Ökosystemen ermöglichen diese Bedingungen wiederum waldtypischen Lebensgemeinschaften, dort Fuß zu fassen.

Mein Verständnis von Forstwirtschaft entspricht der sogenannten multifunktionalen Forstwirtschaft, die alle Funktionen des Waldes gleichermaßen berücksichtigt.

BEATRICE JÄGER

Waldfunktionen

Der Wald ist für uns nicht ausschließlich Holzlieferant und darf auch nicht auf seine Nutzfunktion reduziert werden. Er bietet uns weit mehr als nur diese eine Ressource, nämlich genauso Schutz, Erholung und Lebensraum.

Wenn wir über Waldfunktionen sprechen, dann geht es um Leistungen, die der Wald für uns und die Umwelt erbringt. Grob lassen sich die Funktionen in Schutz-, Nutz-, Erholungs- und Lebensraumfunktion unterteilen. Hinter den Funktionen stehen unterschiedliche Interessengruppen. Unser Wald ist in seinen Leistungen als Gesamtheit zu sehen. Als den Wald formende Kraft ist die Forstwirtschaft maßgeblich. Hier ist es wichtig, den Wald nicht nur in seiner Nutzfunktion zu betrachten, sondern auch die anderen Funktionen miteinzubeziehen. Mein Verständnis von Forstwirtschaft entspricht der sogenannten **multifunktionalen Forstwirtschaft**. Das bedeutet, dass mein Ansatz, den Wald zu formen, alle Funktionen gleichermaßen berücksichtigt. Wald ist für mich weder ausschließlich Holzlieferant noch reiner Naturraum. Bei jeder Entscheidung, die ich im Forstbetrieb treffe, wäge ich alle Bereiche ab und überlege mir, wie ich die beste Lösung finden kann, die allen Funktionen möglichst umfassend gerecht wird. Anfänglich war ich besorgt, dass mir der Spagat zwischen den einzelnen Funktionen nicht gelingen könnte oder ich häufig Entweder-oder-Entscheidungen würde treffen müssen. Mit den Jahren jedoch habe ich die Erfahrung gemacht, dass ich mit den Stellschrauben, an denen ich drehen kann, häufig positive Effekte für mehrere Bereiche gleichzeitig erzielen kann, die verschiedenen Zielsetzungen sich also nicht im Wege stehen, sondern auch gegenseitig befördern können. Beispielsweise profitiert die Wuchsfähigkeit eines Waldes maßgeblich von der Beschaffenheit des Bodens. Achte ich bei meiner Arbeitsstrategie auf den Bodenschutz, die Verminderung von Erosion und eine mögliche Anreicherung von Nährstoffen, kann ich erreichen, dass der begründete Wald besser wächst.

Alle Waldfunktionen auf einen Blick

→ Schutzfunktion
→ Nutzfunktion
→ Erholungsfunktion
→ Lebensraumfunktion

Schutzfunktion

Geht es um die Begriffe »Wald« und »Schutz« in Kombination, muss man genau zwischen Schutzwald und den Schutzfunktionen des Waldes unterscheiden. Leider werden beide Begriffe häufig synonym verwendet oder vertauscht, obwohl sie klar abgrenzbar sind. Was unter den Begriff »Schutzwald« fällt, ist in § 12 Abs. 1 BWaldG geregelt. Hier wird beschrieben, dass Waldflächen zu Schutzwald erklärt werden können, wenn diese die Allgemeinheit vor Gefahren oder Beeinträchtigungen bewahren. Im Schutzwald gelten dann besondere Regeln für die Forstwirtschaft, die ein bestimmtes Handeln vorschreiben oder einschränken. Als Gründe für die Erklärung zum Schutzwald werden insbesondere der Schutz vor Immissionen, Erosion (durch Wind und Wasser), Austrocknung, schädlichem Oberflächenabfluss und Lawinen genannt. Weitere Auslegungen zum Schutzwald obliegen den Ländern.

Vom Begriff »Schutzwald« klar abzugrenzen sind die »Schutzfunktionen« des Waldes. Denn auch Wald, der nicht gesetzlicher Schutzwald nach § 12 BWaldG ist, kann wichtige Schutzfunktionen erfüllen. Der Bereich der Schutzfunktionen ist weiter gefächert und erstreckt sich auch auf Bereiche wie z.B. den Sichtschutz. Die Schutzfunktionen des Waldes stellen eine wichtige Grundlage dar, um wiederum den Wald selbst zu schützen. Die Schutzfunktionen sind in Waldfunktionenkarten festgehalten und können dort für jedes Gebiet eingesehen werden. Die Waldfunktionenkarten stellen

Wissenswertes

Schutzwald und Schutzfunktionen des Waldes sind nicht das Gleiche!

↑ Der klassische Schutzwald im Gebirge schützt die Menschen vor allem vor Lawinenabgängen.

eine Orientierungsgrundlage zur Waldbewirtschaftung dar. Im Folgenden werden die wichtigsten Schutzfunktionen des Waldes näher betrachtet.

BODENSCHUTZFUNKTION

Der Boden ist neben dem Klima der wichtigste Produktionsfaktor des Waldes. Er ist naturgegeben und bestimmt, wie gut (d.h., wie schnell bzw. hoch) Pflanzen an einem Ort wachsen können. Zudem besitzt der Boden eine natürliche Puffer- und Schadstoff-Filterfunktion. Aus diesem Grund ist es wichtig, die Produktionskraft des Bodens zu erhalten. Gefahren für die Bodenfruchtbarkeit bestehen häufig bei mangelndem Bewuchs und Hanglagen. Ein starker Bewuchs, insbesondere Wald, besitzt eine hohe Oberflächenrauigkeit und senkt daher die Windgeschwindigkeit. So wird ein Verwehen wichtiger, nährstoffhaltiger Böden verhindert. Stärkere Regenereignisse, die besonders an Hanglagen eine Rolle spielen, bergen eine weitere Erosionsgefahr. Bodenpartikel werden bei nur spärlicher Vegetation vom Regen weggespült. Partikel, die einmal verweht oder abgetragen wurden, sind unwiederbringlich verloren. Aber auch die Bewegung ganzer Erdmassen, z.B. bei Murenabgängen, kann durch einen gesunden Wald gemindert werden. Die raue Oberfläche, die bremsende Wirkung des Kronendachs und die Armierung des Bodens durch das kräftige Wurzelwerk sorgen dafür, dass das Erdreich auch bei Starkregen zusammengehalten wird. Insbesondere Hangrutsche bergen ein großes Gefahrenpotenzial für Siedlungen und Straßen. Aus diesem Grund hat die Sanierung der Schutzwälder vor allem im Gebirge oberste Priorität. Denn nur eine durchgehende und gesunde Bewaldung oberhalb von Siedlungen und Straßen bietet einen umfänglichen Schutz.

Eine weitere Bodenschutzfunktion erfüllt der Wald in Bezug auf die oberste Schicht des Bodens, den Humus. Humus entsteht aus abgestorbener organischer Substanz, also toten Pflanzen und auch Tieren, die von Mikroorganismen umgesetzt werden. Der entstehende Humus verbleibt als dunkle Schicht, in der Wasser und Nährstoffe gespeichert werden. Humus fungiert zudem als wichtiger Kohlenstoffspeicher. Wald sorgt durch sein Eigenklima und einen permanenten Nachschub an organischer Substanz für den Erhalt bzw. den Aufbau einer Humusschicht. Freiflächen beispielsweise fehlt die Masse an abgestorbener Biomasse, was zusammen mit einer höheren Temperatur zu einem Humusschwund führen kann. Da sich der neue Aufbau dickerer Humusschichten über mehrere Jahrhunderte erstrecken kann, ist die Bewahrung der Humusauflagen ein wichtiges Ziel.

WASSERSCHUTZFUNKTION

Wasser ist unbestritten eine unserer wichtigsten Lebensgrundlagen. Das Wasser für unser Leben muss durchgehend und in einer hohen Qualität verfügbar sein. Beides unterstützt der Wald. Regen trifft auf die Baumkronen, später auf den Boden und versickert dort. Pflanzen und andere Organismen nehmen das Wasser zusammen mit Nähr- und Mineralstoffen auf. Im weiteren Verlauf wird das Wasser zuerst im Oberboden gespeichert, ist die Wasserspeicherkapazität des Oberbodens ausgereizt, sickert es weiter und gelangt schließlich ins Grundwasser. Beim Passieren der Bodenschichten werden dem Regenwasser Schadstoffe entzogen und z.B. Säureeinträge durch chemische Prozesse gepuffert. Der Wald wirkt somit wie eine natürliche Reinigungsanlage für das Wasser. Die Bäume benötigen zur Durchführung der Fotosynthese eine permanente Wasserzufuhr, entziehen dem Boden daher gleichmäßig Wasser. Der Wasserbedarf des Waldökosystems, die damit verbundenen Prozesse und die Speicherkapazität im Boden verzögern Hochwasserspitzen, verringern Oberflächenabfluss und ermöglichen eine gleichmäßigere Abgabe von Wasser an die Umgebung. Im Gegensatz dazu kommt es beispielsweise bei einem Hochwasser quasi auf einen Schlag zu großen Wassermengen, die vom Boden jedoch nicht aufgenommen werden können. Wald spielt aus den vorgenannten Gründen in Wasserschutzgebieten eine besondere Rolle. Die Forstwirtschaft wird zu den Landnutzungsformen gezählt, die mit dem Trinkwasserschutz am besten vereinbar sind. Quellfassungen für Trinkwasser befinden sich häufig im Wald. Die Umgebung dieser Fassungen ist in unterschiedliche Zonen unterteilt, in denen zum Schutz der Wasserqualität die Intensität sowie die Art und Weise der Landnutzung geregelt ist.

KLIMASCHUTZFUNKTION

Wald beeinflusst maßgeblich das Klima, sowohl global betrachtet, besonders als Kohlenstoffspeicher, als auch auf die den Wald umgebenden Standorte bezogen. Die Windgeschwindigkeit wird gebremst, in Bezug auf Kaltluftfronten hat Wald einen schützenden Barriereeffekt. Durch das Eigenklima wirkt Wald besonders im Sommer kühlend. Temperaturunterschiede bringen Luft in Bewegung. Warme Luft dehnt sich aus und steigt auf, kalte Luft hingegen komprimiert sich und sinkt ab. Durch diesen Effekt fördert Wald als kühlende Komponente den Luftaustausch in Städten, die sich aufgrund der Versiegelung besonders stark aufheizen. Stadtnahe Waldgebiete tragen entscheidend zur Einbringung sauberer und frischer Luft bei. Aus diesem Grund gilt es, solchen Wald besonders zu schützen, weshalb häufig Wälder in Stadtnähe zu Bannwald mit besonderem Schutz im Sinne des Gesetzes (z.B. Art. 11 BayWaldG) erklärt werden. Bannwälder gelten als unersetzlich für das jeweilige Gebiet und sind aus diesem Grund verstärkt z.B. vor Rodung, im Zuge etwa von Bauprojekten, geschützt.

↑ Wälder sind wertvolle Kohlenstoffspeicher und sorgen für die Einbringung von sauberer Luft in stadtnahe Gebiete.

SCHUTZ VON INFRASTRUKTUR UND LEBENSQUALITÄT

Wir Menschen brauchen einen sicheren und ansprechenden Lebensraum, bestehend aus Siedlungen, Produktionsflächen und Erholungsräumen. Der Wald leistet einen großen Beitrag zur Sicherung unseres Lebensraums und ermöglicht uns die gesunde und langfristige Nutzung. Er schützt uns vor schädlichen Immissionen, wie Abgasen oder Lärm. Er sichert unsere Straßen vor Erdrutschen oder Steinschlägen. Ganze Regionen können durch den Wald vor starkem Wind, Erosion und Hochwasser geschützt werden. Im Gebirge verhindert ein stammzahlreicher Nadelwald im Winter das Risiko von gefährlichen Lawinenabgängen. Hier hält das Kronendach Schnee vom Boden ab und ermöglicht ein direktes Verdunsten und Tauen des Schnees. Die Schneedecke unter geschlossenem Wald ist dadurch deutlich dünner und in ihrer Struktur vielfältiger als auf einer unbewaldeten Fläche, was ein Rutschen der Schneedecke erschwert. Und neben all diesen positiven physikalischen und chemischen Schutzfunktionen sind unsere Wälder überdies eine echte Augenweide, werten die Landschaft auf und gestalten sie abwechslungsreich. Wald kann beispielsweise in Industrie- oder Baugebieten als Sichtschutz fungieren, was sich auf die Lebensqualität der Bewohner in der betroffenen Gegend positiv auswirkt. Stehen bei meiner forstlichen Arbeit Waldorte zur Wiederaufforstung oder zum Umbau an, die besonders sichtbar sind, ist mir die Ästhetik des späteren Waldes ein besonderes Anliegen. Waldränder bepflanze ich gerne mit blühenden Baumarten wie Kirschen, große Komplexe mit Laubholz lockere ich durch kleine Nadelholzinseln auf, die insbesondere im Winter das Waldbild abwechslungsreich gestalten, und Wege sind häufig von Weiden oder Obstgehölzen gesäumt.

Führt man sich allein sämtliche Schutzfunktionen des Waldes vor Augen, bekommen Wälder plötzlich einen ganz anderen Stellenwert. Sie sichern unsere Lebensgrundlage und sollten aus diesem Grund nicht als selbstverständlich wahrgenommen werden.

Nutzfunktion

Bevor ich Försterin wurde, habe ich mir kaum Gedanken darüber gemacht, aus welchen Materialien beispielsweise Gebäude oder Alltagsgegenstände gefertigt sind. Bei meinen Kaufentscheidungen haben sie kaum eine Rolle gespielt. Habe ich z. B. einen Bilderrahmen gesucht, ging ich in ein Fachgeschäft, habe einen Rahmen ausgewählt, der mir gefiel, und habe diesen gekauft. Was sich unter dem Goldlack versteckt, habe ich nicht hinterfragt, da diese Frage bei meiner Auswahl keine Rolle gespielt hat. Heute sind Materialien für mich ein zentraler Punkt bei der Kaufentscheidung – und nicht nur das, auch die Herkunft derselben ist für mich ausschlaggebend. Jedes Material hinterlässt einen CO_2-Fußabdruck und unterliegt spezifischen Herstellungsbedingungen. Für die Bereitstellung von Aluminium beispielsweise werden Unmengen an Energie benötigt, für die Herstellung der meisten Kunststoffe dient Erdöl als Grundstoff. Hinzu kommen enorm lange Transportwege, bis zunächst einmal der Rohstoff am Fertigungsort und schließlich das Produkt am Ende bei mir ist. Doch wie sieht das Ganze in Bezug auf Holz aus?

Holz besteht zu 50 % aus Kohlenstoff. Dieser wird im Zuge der Fotosynthese aus dem CO_2 der Luft abgespalten. Der dabei frei werdende Sauerstoff wird wiederum in die Luft entlassen. Der im Holz fixierte Kohlenstoff wird erst wieder freigesetzt, wenn das Holz entweder verbrennt oder Mikroorganismen im Zuge der Holzzersetzung nach dem Tod eines Baumes den Kohlenstoff veratmen. Jedes Stück Holz stellt also einen Kohlenstoffspeicher dar, der der Atmosphäre einst CO_2 entzogen hat und als solcher so lange Wirkung zeigt, bis er zerstört wird. In einem ungenutzten Wald ist der Kohlenstoffkreislauf geschlossen. Das heißt, dass es einen Maximalwert an Kohlenstoff gibt, den dieses Waldsystem festhalten kann. Denn nach einiger Zeit sterben Bäume, die als Speicher fungieren, ab und werden von Mikroorganismen zersetzt, wobei der Kohlenstoff in Form von CO_2 wieder frei wird und von jungen Bäumen erneut aufgenommen und fixiert werden kann. Wald ist somit ein wertvoller Kohlenstoffspeicher. Dieser Speicher kann durch aktive Holznutzung sogar zu einer Kohlenstoffsenke werden. Entnimmt man Holz aus dem Wald und baut daraus langlebige Produkte wie Häuser oder Möbel, ist der im Holz enthaltene Kohlenstoff so lange gebunden, wie das Produkt existiert. Der geschlossene, natürliche Kohlenstoffkreislauf wird geöffnet und um einen durch uns Menschen steuerbaren Speicher (die Holznutzung) erweitert. Weitet man die Produktpalette aus und erhöht die Menge langlebiger Holzprodukte, erhöht man auch die Menge an ehemals atmosphärischem Kohlenstoff, der nicht mehr als Klimagas wirksam ist. Die Lücke im Wald wird wieder mit neuen Bäumen gefüllt, die erneut Kohlenstoff binden.

Holzprodukte sind also keineswegs altbacken oder gestrig. Die Nutzung von Holz aus nachhaltiger Forstwirtschaft hat für den Klimaschutz eine immense Bedeutung. Produkte aus Schnittholz stellen eine wichtige Kohlenstoffsenke dar, und Brennholz ersetzt als nachwachsender Rohstoff Brennstoffe wie Erdöl, die aus endlichen Quellen gewonnen werden und Tausende Kilometer transportiert werden müssen, um unsere Häuser zu wärmen.

Gewissermaßen zieht sich Holz schon immer durch unseren Alltag, ohne dass wir uns dessen bewusst sind. Stellen Sie sich eine Welt ohne Holz vor und was in diesem Szenario alles fehlen würde: In einem Konzertsaal spielen keine Violinen und Bratschen, sondern man hört Musik erzeugt von Synthesizer und Keyboard, man kehrt nach der Jagd auf der Aluleiter nicht in die urige Jagdhütte ein, sondern in eine bestuhlte Fertiggarage mit Kunststoff- und Metallmöbeln, gelesen wird nur noch auf dem E-Book-Reader, das selbst gebaute Regal aus Ziegelsteinen und Kunststoffverbundplatten will sich auch nach dem missglückten Anstrich nicht in die Wohnung fügen, und das sorgfältig zerwirkte Wildfleisch wird bei strahlendem Sonnenschein statt über dem Kohlegrill in der Bratpfanne gebraten. Die Nutzungsfunktion in Bezug auf das Holz ist ein zentraler Punkt bei der Betrachtung von Wäldern. Holz ist ein wichtiger Rohstoff für weiterverarbeitende Industrien und ist als Ausgangsstoff für das Cluster Forst und Holz (das ist der Überbegriff für die Gesamtheit aller Holz erzeugenden und Holz verarbeitenden Branchen) Grundlage für eine der mitarbeiterreichsten Branchen Deutschlands.

Aber nicht nur Holz lässt sich im Wald gewinnen. Oft vergessen, zählen auch Pilze, Wildbeeren, Wildkräuter und Wildbret zu den Produkten, die uns der

↑ **Die Nutzung von Holz aus nachhaltiger Forstwirtschaft hat für den Klimaschutz eine immense Bedeutung.**

↑ **In Deutschland ist es jedem erlaubt, den Wald zu betreten, um sich zu erholen. Jedoch gelten bestimmte Regeln.**

Wald zur Verfügung stellt. So sammle ich häufig während der Arbeit ganz nebenbei natürliche und gesunde Zutaten für mein Abendessen. Stolpere ich beim Auszeichnen über ein paar Steinpilze oder Maronen, landen diese direkt im Stoffbeutel.

Erholungsfunktion

Laut § 14 BWaldG ist es jeder Person in Deutschland erlaubt, den Wald zur Erholung zu betreten. Jeder darf im Wald spazieren gehen, im Sommer das kühle Waldklima genießen, Pilze sammeln, Rad fahren, einfach eine schöne Zeit erleben. Das bedeutet allerdings nicht, dass im Wald keine Regeln gelten. Mit jedem Recht gehen auch Pflichten einher, so wird das Radfahren beispielsweise auf Wege beschränkt, und die Befahrung mit dem Pkw außerhalb einer forstlichen oder jagdlichen Nutzung ist nicht gestattet. Und doch ist das Betretungsrecht eine echte Besonderheit, die es hoch zu schätzen gilt. Viele Länder wie beispielsweise Italien oder Großbritannien gestatten die Betretung von Wäldern keinesfalls grundsätzlich. Hier ist ein Waldbesuch, insbesondere auf privaten Flächen, auf bestimmte Uhrzeiten oder eine Nutzung wie die Jagd beschränkt.

Wald ist demnach hierzulande zwar kein Allgemeingut, steht aber jedem zur Verfügung. Jeder Einzelne kann mit seinem Verhalten einen wichtigen Beitrag zum Erhalt der Schönheit und Gesundheit unserer Wälder leisten und dafür sorgen, dass auch andere Menschen eine unbeschwerte, erholsame Zeit im Wald verbringen können und gleichzeitig der Wald als Lebensraum für unsere heimischen Wildarten erhalten wird.

Lebensraumfunktion

Das Ökosystem Wald beherbergt Lebewesen, die weder auf Freiflächen noch in Siedlungsbereichen vorkommen. Viele Arten sind dabei nicht nur ganz allgemein auf das Ökosystem Wald angewiesen, sondern im Speziellen explizit auf einzelne Baumarten oder besondere Strukturen. So bewohnt beispielsweise der seltene und europaweit geschützte Eremit (ein Käfer aus der Unterfamilie der Rosenkäfer) alte Eichen (*Quercus spec.*) mit sehr großen, feuchten Mulmhöhlen. In Siedlungsgebieten kommen derartige Bäume nicht oder nur sehr selten vor, da sie aus Gründen der Verkehrssicherung instandgehalten oder aber gefällt werden müssen. Und auch Bäume im Offenland weisen aufgrund des fehlenden Waldeigenklimas die für den Käfer wichtigen Feuchtigkeitsbedingungen nur in seltenen Fällen in ausreichendem Maße auf, obschon sie wichtige Orientierungspunkte für die Tierwelt darstellen. Vom kleinen durch Regenwasser gespeisten Himmelsteich am Boden bis hin zur Baumhöhle in der Höhe bietet der Wald durch seine Vielfalt an Biotopen unzähligen Arten Lebensraum und überlebenswichtige Rückzugsorte.

Wem gehört der Wald?

Rund 11,4 Millionen Hektar Wald gibt es in Deutschland. Jeder einzelne Quadratmeter davon hat einen Eigentümer. Dies kann z. B. der Staat oder die Kommune sein. Der Löwenanteil liegt allerdings in privater Hand, gehört also Privatpersonen.

Deutschland hat eine Fläche von etwa 35,7 Mio. ha, die sich in 14,5% Siedlungsfläche und Infrastruktur, 50,6% Landwirtschaft, 29,8% Wald, 2,8% andere Vegetationsflächen und 2,3% Gewässer aufteilt (2). Die Siedlungsfläche ist stetig im Steigen begriffen, in den meisten Fällen zulasten des landwirtschaftlich genutzten Grundes.

Jeder Quadratmeter Waldboden in Deutschland hat einen Eigentümer. Dieser Eigentümer kann die öffentliche Hand in Form des deutschen Staates, des jeweiligen Bundeslandes oder einer Kommune sein. Der Löwenanteil der deutschen Waldflächen liegt allerdings in privater Hand, gehört also einzelnen Personen oder Personengruppen aus der Bevölkerung. Etwa 48% der deutschen Waldflächen sind in Privatbesitz, 29% der deutschen Wälder gehören den Bundesländern, 19% den Kommunen und 4% der Bundesrepublik selbst (3). Letztgenannte Waldflächen stellen meist militärische Übungsflächen sowie Flächen des Nationalen Naturerbes dar und werden von der Bundesanstalt für Immobilienaufgaben verwaltet. Die Waldflächen der Länder werden jeweils über Anstalten des öffentlichen Rechts oder Landesforstverwaltungen bewirtschaftet, wie z.B. die Bayerischen Staatsforsten oder die Niedersächsischen Landesforsten. Ganz gleich, wem der Wald gehört, für jeden Eigentümer gelten die gleichen Rechte, Pflichten und Waldgesetze.

Auch wenn der Privatwald fast die Hälfte der deutschen Waldbesitzarten ausmacht, ist diese Gruppe sehr inhomogen. Die einzelne Flächengröße, die der jeweiligen Person gehört, variiert sehr stark. Etwa 50% der privaten Waldbesitzer haben weniger als 20 ha Wald, sehr viele besitzen nicht einmal 1 ha. Kleine Waldflächen sind schwer zu bewirtschaften. Häufig handelt es sich um lang gezogene, schmale Waldparzellen, die durch Erbteilung entstanden sind. Diese durch Realteilung entstandenen Parzellen sind häufig schmaler, als ein Baum hoch ist. Fällt man hier einen Baum, besteht die Schwierigkeit, diesen auf dem eigenen Grund zu Fall zu bringen, ohne anliegende Flächen zu beeinträchtigen. Zudem erfolgt der Holzanfall in Kleinmengen, was sowohl den Einschlag selbst als auch den Verkauf und die Logistik im Verhältnis zur Masse sehr aufwendig macht. Da jedoch große Mengen Holz, die für die Versorgung der Gesellschaft wichtig sind, vor allem im Kleinprivatwald ruhen, gibt es forstliche Zusammenschlüsse.

Forstwirtschaftliche Zusammenschlüsse (kurz FZus) sind im Gesetz verankert und treten in der Praxis häufig als e.V. oder w.V., also als eingetragener oder wirtschaftlicher Verein, organisiert als Waldbesitzervereinigung oder Forstbetriebsgemeinschaft auf. Waldbesitzer können in FZus Mitglied werden, bezahlen anteilig zur Fläche ihres Waldes einen Beitrag und erhalten eine professionelle Beförsterung durch angestellte Förster. Die Nachteile der kleinflächigen Bewirtschaftung werden dadurch zum Teil wieder aufgewogen. Holzmengen werden gebündelt, was Vorteile bei Vermarktung und Logistik mit sich bringt. Der Einkauf von Material wird durch größere Abnahmemengen günstiger, eine vollumfängliche Betreuung der Fläche mit Wald jeder Altersstufe ist gesichert. Der Einsatz von Maschinen erfolgt in einer Gesamtplanung, wodurch auch größere Flexibilität beispielsweise bei Schadereignissen, wie etwa durch Borkenkäfer hervorgerufen, ermöglicht wird. FZus steigern die Effizienz des Kleinprivatwaldes deutlich und machen ihn konkurrenzfähig.

Waldbesitzarten auf einen Blick

→ Bundesforst
→ Staatswald der Länder
→ Kommunal- und Körperschaftswald (Städte und Gemeinden, Kirchenwald)
→ Privatwald (Groß- und Kleinprivatwald)

Struktureller Aufbau von Wald

Jeder Wald besteht aus unterschiedlichen Schichten, auch wenn für uns nicht alle sichtbar sind oder die eine oder andere fehlen kann. So ist z.B. nicht immer eine Moos- oder Krautschicht vorhanden.

Über den Aufbau unserer Wälder macht man sich im Alltag kaum Gedanken, so ging es zumindest mir, bevor ich mich mit dem Thema näher beschäftigt habe. Schnell neigt man dazu, den Wald auf seine Pflanzen, insbesondere die Bäume, zu reduzieren. Dass aber auch ein funktionierender Boden untrennbar zum Wald gehört, gerät oftmals ganz aus dem Fokus.

Wald ist generell in unterschiedlichen Schichten aufgebaut, die sich durch charakteristische Pflanzengruppen und Organismen auszeichnen. Nicht in jedem Wald sind alle Schichten vorhanden. Je nach Licht- und Feuchtigkeitsverhältnissen und auch je nach Altersstufe können die Strauch-, die Kraut-, und/oder die Moosschicht fehlen. Die unterschiedlichen Schichten bedingen sich gegenseitig und beeinflussen partiell die Artenzusammensetzung.

Schichten des Waldes

→ Boden/Wurzelraum
→ Moosschicht
→ Krautschicht
→ Strauchschicht
→ Baumschicht

Boden/Wurzelraum

Der Wurzelraum ist die unterste Schicht eines Waldes. Namensgebend befinden sich hier die Wurzelwerke aller Sträucher, Kräuter und Bäume. Neben dem, was wir klassischerweise als Wurzel verstehen, befinden sich im Boden auch Sonderformen wie Rhizome (unterirdische Sprossachsensysteme) oder Überdauerungsorgane wie Zwiebeln und Knollen. Wenn man Boden in die Hand nimmt, bekommt man schnell den Eindruck, dass es sich um unscheinbare, tote Teilchen handelt, doch der Boden ist die Grundlage für das Wachstum unserer Wälder und steckt voller Leben! Im Boden befinden sich Tausende Kilometer feinste Wurzeln. In 1 g Boden leben Milliarden von Mikroorganismen, die für die Versorgung der Pflanzen und den Umsatz von Biomasse wichtig sind. Zusätzlich beinhaltet der Boden Unmengen an Tieren wie Würmer, Milben, Asseln usw., die neben der Nährstoffausstattung auch die Struktur des Bodens beeinflussen und dafür sorgen, dass er locker und gut durchlüftet ist. Fällt der Begriff »**Edaphon**«, handelt es sich nicht um ein exotisches Musikinstrument, sondern um den Fachbegriff für die Gesamtheit des Bodenlebens.

Wie bereits erläutert, entsteht bei der Umsetzung der Biomasse Humus. Humus ist eine wichtige Ernährungsgrundlage für alle Bäume. Die in den abgestorbenen Pflanzenteilen enthaltenen Nährstoffe werden bei der Humusbildung wieder freigesetzt und stehen den lebenden Pflanzen damit erneut zur Verfügung. Neben den Nährstoffen spielt Humus auch im Wasserhaushalt eine Rolle, da er Wasser zu binden imstande ist. Es gibt unterschiedliche Formen von Humus, die je nach standörtlichen Gegebenheiten unterschiedliche Zersetzungsgrade aufweisen. Den geringsten Zersetzungsgrad hat **Rohhumus**. In diesem sind noch viele nahezu unzersetzte Blatt- und Nadelteile erkennbar, die Humusschicht ist mächtig. Rohhumus stellt keine gute Ernährungsgrundlage für Pflanzen dar, da in ihm ein saures Milieu herrscht, das Nährstoffe schlecht verfügbar macht. Häufig ist diese Humusform in Nadelholzwäldern und dort vor allem an nährstoffarmen, sauren Standorten zu finden. Etwas besser zersetzt ist **Moder**. In Moder ist ein deutlicher Zersetzungsgrad der Pflanzenteile erkennbar, die Nährstoffverfügbarkeit ist signifikant besser als beim Rohhumus. Die beste Humusform ist der **Mull**. Bei Mull findet ein schneller und vollständiger Umsatz der Biomasse statt, übrig bleibt ein feines, schnupftabakartiges Gefüge. Eine stickstoffreiche Blattstreu fördert diese Humusform. In Mull herrscht ein üppiges Bodenleben, und die freiwerdenden Nährstoffe sind in höchstem Maße pflanzenverfügbar.

Die wichtigsten Humusbildner jedoch kommen bei Regen zum Vorschein: Insbesondere Regenwürmer nehmen hier eine Sonderstellung ein, da sie organisches Material zersetzen, wertvolle Pflanzennähr-

↑ Ein gesunder und funktionierender Boden bildet das Fundament für alle anderen Schichten des Waldes.

stoffe ausscheiden und den Boden mithilfe ihrer Tunnelsysteme auflockern. Und auch die Wurzeln von Pflanzen selbst sind nicht nur Bestandteile derselben, sondern sie wachsen gemeinsam mit unterirdischen Pilzen (**Mykorrhiza**) in Symbiose, die der Pflanze dabei helfen, vor allem Phosphor aufzunehmen. Bei einer symbiotischen Beziehung profitieren beide Parteien von der Vergesellschaftung, also quasi eine Win-win-Situation in der Natur. Im Fall der Mykorrhiza hilft der Pilz dem Baum, Nährstoffe und Wasser aufzunehmen, und erhält im Gegenzug energiereiche Substanzen aus der Fotosynthese der Pflanze.

Der Boden kann als unterste Schicht im Wald somit als Fundament für die weiteren Schichten betrachtet werden, die ohne einen funktionierenden und gesunden Boden, so wie soeben beschrieben, nicht vorkommen würden. In meinem Berufsalltag kommt dem Boden daher auch eine besondere Aufmerksamkeit zu. Er dient als Grundlage für die Baumartenwahl und genießt als eine der maßgebenden treibenden Kräfte für das Wachstum besonderen Schutz.

Moosschicht

Die Moosschicht ist die niedrigste von Pflanzen bewachsene Schicht im Wald. Neben Moosen finden sich hier auch Pilze und Flechten und besonders niedrigwachsende Blütenpflanzen wie z.B. der Waldsauerklee.

Viele Insekten, Würmer und Kleinsäuger wie Mäuse oder Igel sind an diese Schicht gebunden und finden hier sowohl Nahrung als auch Unterschlupf. Eine sehr dicke Moosschicht kann forstwirtschaftlich jedoch Schwierigkeiten bereiten. Bäume haben insbesondere bei den durch den Klimawandel bedingten trockeneren Bedingungen beim Keimen Probleme, Anschluss an den Boden zu finden. Bei der Keimung arbeitet die Pflanze zunächst ausschließlich mit den im Samen gespeicherten Energiereserven. Es ist für das Wachstum einer Pflanze essenziell, schnell eine Wurzel auszubilden, die Wasser aus dem Boden aufnehmen kann und zudem die Pflanze zuverlässig verankert. Bei einer zu dicken Moosschicht kann es passieren, dass die Wurzel des Keimlings die Erdschicht nie erreicht und die Pflanze somit vertrocknet. Auch bei der Pflanzung mit Baumschulware oder Wildlingen (Jungpflanzen aus dem Wald) ist es in solchen Fällen wichtig, die Moosschicht aufzukratzen, um sicherzustellen, dass die Pflanze direkt in den Mineralboden wurzelt.

Eine häufige Art in der Moosschicht, die aufgrund der Namensgebung sehr einprägsam ist, ist das Schöne Frauenhaarmoos. Den Namen hat es von seinen gelblichen, fasrigen Sporenkapseln, die an blondes Haar erinnern.

Krautschicht

In der Krautschicht befinden sich niedrigwachsende Pflanzen wie z.B. Gräser, Beersträucher, Farne oder Blumen, die nicht verholzen und eine Höhe von 1,5 m nur selten überschreiten. Die Krautschicht ist je nach den Lichtverhältnissen, die durch die Baum- und Strauchschicht vorgegeben werden, sehr üppig oder aber fehlt vollkommen. Die Artenzusammensetzung der Krautschicht richtet sich neben dem Licht sehr stark nach der Nährstoffausstattung und der Feuchtigkeit des Bodens. Aus diesem Grund fungieren krautige Pflanzen auch als Standortindikatoren. In der Praxis zeigt ein geschulter Blick auf die Kräuter unmittelbar, wie der Boden konkret beschaffen ist, und gibt dadurch Aufschluss darüber, welche Baumarten bei einer Pflanzung zum jeweiligen Standort passen. Beispielsweise zeigt das Leberblümchen einen kalkhaltigen, der Sauerampfer einen mageren und sauren, die Flatterbinse einen sehr feuchten und verdichteten und die Brennnessel einen besonders stickstoffreichen Standort an.

↑ Das Schöne Frauenhaarmoos ist häufiger Bestandteil der Moosschicht, an die viele Insekten und andere Kleintiere gebunden sind.

↑ In der Schicht unter den Bäumen befinden sich die Sträucher, die von vielen Vögeln und auch vom Wild als Rückzugsort genutzt werden.

↓ Die Krautschicht besteht aus niedrigwachsenden Pflanzen wie Gräsern, Beerensträuchern oder Farnen und ist wichtige Nahrungsquelle fürs Wild.

↓ Die Baumschicht als oberste Schicht bestimmt, wie viel Licht auf dem Waldboden ankommt und beeinflusst so das Äsungsangebot im Bestand.

Für unser Wild ist die Krautschicht eine wichtige Nahrungsquelle, sie ist vor allem aufgrund ihrer Vielfalt an Kräutern attraktiv, Stichwort »Hasenapotheke«. Aber auch als Mensch kann man von der Krautschicht profitieren. Hier wachsen jede Menge Würz- und Heilkräuter. Giersch z.B. ist eine hervorragende Beigabe im Salat, und mit Waldmeister lässt sich im Mai eine schmackhafte Bowle ansetzen. Wer den würzigen Geschmack von Knoblauch schätzt, kann im Frühling mit Bärlauch und auch noch später im Jahr mit der Knoblauchsrauke hervorragende Zutaten für Pesto oder Würzbutter sammeln. Der Blick auf den Waldboden lohnt sich also allemal!

Strauchschicht

In der Schicht direkt unter den Bäumen finden sich die Sträucher. Sie wachsen vermehrt an lichtdurchlässigen Stellen des Kronendachs oder auch an Weg- und Waldrändern. Sträucher unterscheiden sich von Bäumen dahingehend, dass sie keine alleinige durchgehende Stammachse haben, sondern direkt am Wurzelhals mehrere Triebe ansetzen. Sträucher werden in der Regel auch nicht so hoch wie Bäume. Können die höchsten Bäume bei uns bis zu 60 m erreichen, werden Sträucher meist etwa 5 m hoch. Klassische Straucharten unserer Wälder sind: Schwarzdorn, Haselnuss, Holunder oder auch der Weißdorn. Zur Strauchschicht gehören zudem junge Baumindividuen, sprich Verjüngung. Sträucher tragen häufig Früchte und auch Blüten, was sie als Nahrungsgrundlage für viele Tiere kostbar macht. Deren dichtes Geäst bietet zudem Schutz und Rückzugsort für zahlreiche Wildvögel, und auch unsere jagdbaren Wildarten freuen sich über Sträucher als Deckungsmöglichkeit. Für junge Waldbäume allerdings können Sträucher eine starke Konkurrenz darstellen. Je nach Üppigkeit der Strauchschicht machen sie ein Aufwachsen der Verjüngung schwer bis unmöglich.

Baumschicht

Die Baumschicht ist die oberste Schicht im Wald. Bis in diese Höhe schaffen es mit Ausnahme von Rankpflanzen oder Misteln nur große Gehölze. Diese Schicht bestimmt, wie viel Licht auf dem Waldboden ankommt, und gibt dadurch vor, ob es eine Strauch- oder Krautschicht gibt und welche Pflanzenarten dort vorhanden sind. Somit beeinflusst die Baumschicht auch das Äsungsangebot im Wald. Licht ist in den Wäldern Mitteleuropas sozusagen das Nadelöhr der lebenswichtigen Ressourcen. Wasser und Nährstoffe sind meist in ausreichender Menge vorhanden, Licht allerdings ist hart umkämpft. Um sicherzugehen, diese Ressource optimal nutzen zu können, haben Bäume unterschiedliche Strategien. Eine von ihnen ist die Schattentoleranz (Rotbuche [*Fagus sylvatica*]), eine andere ein besonders schnelles Jugendwachstum (Lärche [*Larix decidua*]), eine weitere eine hohe Lichtwendigkeit (Roteiche [*Quercus rubra*]). Bei der Frage, wie viel Licht die Baumschicht durchlässt, spielen das Alter der Bäume, die Baumart und die Anzahl der Baumindividuen eine Rolle. Von Natur aus lichtdurchflutete Wälder sind beispielsweise Kiefern- oder Eichenwälder. Belaubte z.B. Buchenwälder dagegen lassen nur wenig Licht durch. Innerhalb der Baumschicht gibt es Baumindividuen, die »vorherrschend« sind, und solche, die »unterständig« in einer Warteposition ausharren. Bäume im Hochwald werden in fünf Klassen (**Kraft'sche Baumklassen**) eingeteilt, die in der Forstwirtschaft Anhaltspunkt für die Konkurrenzstärke von Bäumen und damit auch eine Grundlage für die Entscheidungen bei der Durchforstung sind. »**Vorherrschende**« Bäume der Klasse 1 sind maximal konkurrenzstark und haben sehr große Baumkronen. In der Klasse 2 befinden sich »**herrschende**« Bäume. Ihre Kronen sind etwas kleiner ausgebildet als bei den vorherrschenden Bäumen, jedoch sichern auch sie sich einen wertvollen Platz an der Sonne und sind konkurrenzstark. Bäume der Klasse 3 sind »**gering mitherrschend**«.

Diese Baumindividuen unterliegen bereits spürbarer Konkurrenz. Ihre Kronen sind partiell schmal und verhältnismäßig schwach entwickelt, da sie von den Kronen der vorherrschenden und herrschenden Bäume eingeengt werden. In der Klasse 4 befinden sich »**beherrschte**« Bäume. Diese kämpfen durchweg um Licht, die Baumkronen sind klein, die Baumindividuen haben Mühe, in der Höhe mit der herrschenden Schicht mitzuhalten. »**Ganz unterständige**« Bäume der Klasse 5 sind wenig konkurrenzstark, können partiell bei Schattentoleranz eine eigene zweite Baumschicht ausbilden oder sterben aufgrund des Lichtmangels mit der Zeit ab (4).

Die gesamte Baumschicht ist ein wertvoller Lebensraum für viele Vogel- und Insektenarten, auch Säugetiere, wie das Eichhörnchen oder Fledermäuse, finden hier Unterschlupf und Nahrung.

↓ **Schaubild zu den Kraft'schen Baumklassen nach Assmann 1961**

1 = Vorherrschende
2 = Herrschende
3 = Gering mitherrschende
4 = Beherrschte
5 = Ganz unterständige

Natürliche Waldzusammensetzung

Ohne Einfluss des Menschen würden sich an den unterschiedlichen Standorten natürliche Waldgesellschaften etablieren, die jeweils am konkurrenzstärksten sind. Wie die Zusammensetzung des Waldes jedoch genau aussähe, ist schwer abzustecken.

Die eine, allgemeingültige, natürliche Waldzusammensetzung gibt es nicht. Deutschland wäre ohne den Menschen fast vollständig mit Wald bedeckt. Dieser sähe jedoch je nach Standort vollkommen anders aus. In Deutschland haben wir Hochgebirge, Mittelgebirge, Küstenregionen, atlantisch und kontinental geprägte Bereiche, ausgeprägte Tiefebenen usw. Jede Region zeichnet sich durch für sie charakteristische Niederschläge, Temperaturverläufe, Böden und Windgeschwindigkeiten aus. Je nach den herrschenden Bedingungen sind unterschiedliche Lebensstrategien und Anpassungen an die Umwelt von Vorteil – dies ermöglicht es anderen Tier- und Pflanzenarten, sich gegenüber Konkurrenten durchzusetzen.

Der Mensch lebt seit Jahrtausenden von und mit dem Wald und hat ihn durch seine Nutzung verändert. In Deutschland haben wir quasi keine ursprünglichen Wälder mehr, die ohne den Einfluss des Menschen sind. Wie somit die natürliche Waldzusammensetzung aussähe, ist nicht ganz einfach abzustecken. Würde man ab dem heutigen Tage den Menschen aus der Landnutzung vollständig heraushalten, würde sich in ein paar Jahrhunderten die sogenannte **potenzielle natürliche Vegetation** einstellen. An den unterschiedlichen Standorten würden sich natürliche Waldgesellschaften etablieren, die jeweils am konkurrenzstärksten sind. Waldgesellschaften sind standortangepasste Mischungen von Arten, die an einem Waldort auftreten und in ihrer Zusammensetzung charakteristisch sind. Das heißt, bei gleichen klimatischen Bedingungen finden sich auch immer etwa die gleichen Arten. Waldgesellschaften lassen sich geobotanisch in drei Zonen und in eine Hierarchie unterschiedlicher Klassen mit zugehörigen Ordnungen, Verbänden und schließlich den Assoziationen (den einzelnen Waldgesellschaften) einordnen. Es gibt **zonale Waldgesellschaften** (z.B. die Buchenwaldgesellschaften in Mitteleuropa), die sich am Klima orientieren und sich durch die Bodenverhältnisse unterscheiden. Den größten Teil in Deutschland machen die mesophytischen Buchen- und Laubmischwälder (Ordnung: *Fagetalia sylvaticae*) aus. Diese Wälder sind vorwiegend mit Buche bestockt, haben als Mischbaumarten vereinzelt z.B. Weißtannen (*Abies alba*) oder Eiben (*Taxus baccata*) dabei. Am Waldboden wachsen Charakterarten, die die einzelne Waldgesellschaft von anderen Waldgesellschaften innerhalb der übergeordneten Ordnung und des Verbandes abgrenzen. So ist etwa das Auftreten der Weißen Hainsimse in einem Buchenwald ein Indiz dafür, dass man sich in einem Hainsimsen-Buchenwald (Luzulo-Fagetum) befindet, dessen Standort typischerweise nährstoffarme, kalkfreie und saure Böden sind.

Azonale Waldgesellschaften, wie die Auenwaldgesellschaften, sind an einen ökologischen Faktor gebunden (z.B. die Wasserversorgung). Auenwaldgesellschaften zeichnen sich dadurch aus, dass der Boden gut wasserversorgt ist. Der Grundwasserspiegel ist oberflächennah, zeitweise kommt es zu Überflutungen. Baumarten, die diese Bedingungen meistern und die Waldgesellschaften dominieren, sind z.B. Schwarzerle (Alnus glutinosa), Esche (*Fraxinus excelsior*), Schwarzpappel (*Populus nigra*), Silberweide (*Salix alba*), Flatterulme (*Ulmus laevis*) oder Stieleiche (*Quercus robur*).

Extrazonale Waldgesellschaften haben aufgrund lokaler Gegebenheiten (z.B. Exposition eines Hangs) andere klimatische Bedingungen als die zonalen Waldgesellschaften. Die extrazonalen Waldgesellschaften sind an ihrem Ort etwas sehr Besonderes, treten aber an anderen Stellen großflächig als zonale Waldgesellschaft auf. Ein Beispiel sind etwa ökologisch bedeutsame, jedoch extrem selten vorkommende Flaumeichenwälder in Süddeutschland.

Zudem gibt es noch Waldgesellschaften, die von der Höhenstufe abhängig sind (Bergmischwälder wie z.B. der Alpenheckenkirschen-Buchenmischwald [*Lonicero alpigenae-Fagetum*]). Der Wald verändert sich im Gebirge in seiner Zusammensetzung mit zunehmender Höhe von der kollinen Stufe (niedrigste Höhenstufe) über die submontane und montane Stufe bis in die subalpine Stufe, wo die Waldgrenze ansetzt. In der alpinen Höhenstufe sind noch vereinzelt Sträucher zu finden, die nivale Höhenstufe als höchste Stufe lässt aufgrund der klimatischen Bedingungen kein Pflanzenwachstum zu, hier befinden sich blanke Felsen und Schneefelder. Mit der Höhe werden die Bedingungen rauer, die Temperatur sinkt, die Vegetationsperiode ist kürzer. Wie sich das alles zusammengenommen auf die Vegetation auswirkt, möchte ich im Folgenden anhand der Alpen erläutern. In der Ebene dominieren Laubwälder, meist aus Rotbuche (*Fagus sylvatica*). In den weiteren Höhenstufen (submontan, gefolgt von montan) befindet sich der klassische Bergmischwald. Hier kommen zu den Rotbuchen auch erhebliche Anteile an Weißtanne (*Abies alba*) und Bergahorn (*Acer pseudoplatanus*) hinzu, vereinzelt auch Fichten (*Picea abies*). Mit der Tendenz zum Subalpinen nehmen die Laubgehölze kontinuierlich ab, die Fichte dominiert gemeinsam mit der Weißtanne, selten sind auch Zirben (*Pinus cembra*) zu finden. Im subalpinen Bereich wachsen noch vereinzelt Bäume wie z.B. Lärchen (*Larix decidua*), die im weiteren Verlauf von Latschenkiefern (*Pinus mugo*) oder Grünerlen (*Alnus viridis*) abgelöst werden. Je nach Ausgangsgestein des Gebirges sowie je nach den klimatischen Bedingungen variiert die Baumartenzusammensetzung, und weitere Arten wie die Waldkiefer (*Pinus sylvestris*) oder auch die Hainbuche (*Carpinus betulus*) kommen vermehrt als Mischbaumarten vor.

Den einen natürlichen Wald mit einer fest vorgegebenen Artenzusammensetzung gibt es somit nicht. Jeder noch so kleine standörtliche Unterschied kann die Artenzusammensetzung beeinflussen.

Festzuhalten ist: Natürliche Waldgesellschaften und die Bewirtschaftung von Wäldern schließen sich nicht per se aus. Auch ein Wirtschaftswald kann einer natürlichen Waldgesellschaft entsprechen. Insbesondere im Zuge des Waldumbaus sind die Waldgesellschaften ein wertvoller Anhaltspunkt, um Baumarten auszuwählen, die sich an einem bestimmten Standort gut entwickeln sollen.

↑ Natürliche Waldgesellschaften und die Bewirtschaftung von Wäldern schließen sich nicht per se aus.

Waldbau

Maßnahmen zur Waldverjüngung und -pflege in allen Altersstufen, durch die die Stabilität und Gesundheit der Bäume gefördert werden.

Der Begriff »Waldbau« klingt im ersten Moment reichlich abstrakt. Denn Wald wächst doch schließlich von allein und wird daher auch nicht »konstruiert«, oder? Ja, es ist richtig, dass sich Flächen ohne menschliches Zutun begrünen, Bäume in die Höhe wachsen, all dies geschieht jedoch ungerichtet. Das gewünschte Endprodukt, in diesem Fall Holz, hätte rein zufällige Eigenschaften, die in den meisten Fällen anspruchsvollen Verwendungen, z.B. in einem Dachstuhl, nicht gerecht werden würden. Die Baumarten und ihre Wuchsformen wären willkürlich, und infolgedessen wäre eine stoffliche Nutzung des Holzes in den meisten Fällen kaum möglich. Stellen Sie sich vor, Sie möchten gerne eigene Radieschen anbauen und haben zu diesem Zweck eine Packung Samen gekauft. Sie nehmen die Samen, streuen sie draußen auf den Boden und überlassen das Ganze anschließend einfach seinem Schicksal. Ein paar Wochen später kehren Sie zur Ernte wieder zurück an die Stelle, an der Sie die Samen ausgesät haben. Ich glaube, Sie können sich denken, dass die Ernte mit an Sicherheit grenzender Wahrscheinlichkeit nicht allzu üppig ausfallen dürfte. Einige Samen werden nicht gekeimt haben, andere wurden von Tieren gefressen, und ein Teil der Jungpflanzen hat es schlichtweg nicht geschafft. Vielleicht finden sich ein paar Radieschen, die zwar üppiges Grün, aber kaum Knolle haben. Was hätten Sie anders machen können? Es liegt auf der Hand: die Fläche pflegen, also das Saatgut angießen, das Unkraut rund um die Pflänzchen jäten, die Keimlinge pikieren (mit größerem Abstand setzen) usw. Sie hätten kurzum Maßnahmen zur Lenkung und Verbesserung der Entwicklung der Radieschen ergreifen können.

Und hier schließt sich nun der Kreis, denn Waldbau beschreibt die Lehre von der Steuerung der Waldentwicklung. Dabei handelt es sich um Maßnahmen zur Waldverjüngung und -pflege in allen Altersstufen. Grundlage für den Waldbau sind wissenschaftliche Erkenntnisse aus Disziplinen wie der Waldwachstumslehre. Durch Waldbau können die Stabilität und Gesundheit der Bäume gefördert und das Wachstum gelenkt und verbessert werden.

Das Klima und der Boden sind naturgegeben und lassen sich nicht beeinflussen. Beide Faktoren legen grundlegend fest, wie gut Bäume an einem Standort wachsen und wie hoch die Bäume werden. Ein und dieselbe Baumart kann auf einem guten Standort deutlich höher wachsen als auf einem schlechten. Der Wachstumsfaktor, der kurzfristig und durchgehend beeinflusst werden kann, ist das Licht. Die Steuerung der Lichtverhältnisse ist im Waldbau zentral. Als Förster kann ich Licht geben, indem ich Bäume entnehme, oder Licht nehmen, indem ich Dichtstand belasse. Mit dem waldbaulichen Vorgehen geht immer auch eine konkrete Zielsetzung einher. Die Frage, die sich hier stellt, lautet: Welches Holz möchte ich auf dieser Fläche erzeugen, und wie komme ich zum gewünschten Ergebnis? Unterschiedliche Ziele verlangen nach unterschiedlichen Maßnahmen. Habe ich z.B. Stieleiche (*Quercus robur*) als Hauptbaumart im Bestand, also als vorherrschende Baumart, und mein Ziel ist es, Wertholz für Furnierholz zu erzeugen, dann muss ich die Stieleiche vom ersten Moment an fördern. Ihr vor allem in der Jugend viel Licht geben, damit sie eine gleichmäßige und große Krone ausbildet, und mit den Durchforstungen dafür sorgen, dass die Bäume langfristig gesund und gleichmäßig wachsen können. Eichen (*Quercus spec.*) besitzen die größte Reaktionsfähigkeit in der Baumkrone während der Zeit ihrer Jugend. Aus diesem Grund wird schon sehr früh der Grundstein für die spätere Entwicklung gelegt, und ein »Verpassen« der sensiblen Phase hat Auswirkungen, die das Erreichen des Ziels im ungünstigsten Fall sogar unmöglich machen können. Ein zu starker Eingriff wiederum kann das Holz durch Astbildung entwerten, was ebenfalls das Ziel gefährdet. Habe ich dagegen einen Rotbuchenbestand (*Fagus sylvatica*), mit dem ich qualitativ hochwertiges Holz z.B. für Treppen oder Vertäfelungen erzeugen möchte, muss ich während der Jugend der Bäume für einen langen Dichtschluss sorgen, da dies die **Astreinigung** (das natürliche Absterben und spätere Abstoßen von beschatteten, für den Baum nicht mehr notwendigen Ästen) begünstigt und geradewachsende Stämme fördert. Die Rotbuche reagiert auch in höherem Alter sehr plastisch in der Baumkrone und verträgt auch durch ihre Schattentoleranz mehr Druck als andere Baumarten.

Naturnaher Waldbau

Ein fester Bestandteil der Waldbewirtschaftung im Allgemeinen und des naturnahen Waldbaus im Speziellen ist der Grundsatz der Nachhaltigkeit. Dieser besagt, dass nur so viel Holz entnommen werden darf, wie in einem bestimmten Zeitraum nachwächst.

Eine mögliche waldbauliche Ausrichtung ist der naturnahe Waldbau. Dieser geht mit verschiedenen Grundsätzen einher, wie z.B. der Förderung von Mischbeständen, standortgerechter Baumartenauswahl, Naturverjüngung und der Etablierung eines Dauerwaldcharakters, bei dem die Flächen nie unbestockt sind.

Nachhaltigkeit in der Forstwirtschaft

Nachhaltigkeit, die ihren Ursprung in der deutschen Forstwirtschaft hat, spielt im Waldbau und in den forstlichen Planungen eine zentrale Rolle.

Nachhaltigkeit bezieht sich allerdings nicht, wie häufig angenommen, ausschließlich auf den Umweltschutz, die Ökologie und die Ressourcennutzung, sondern hat auch den Menschen mit im Fokus. Die drei Säulen der Nachhaltigkeit, **Ökologie, Ökonomie** und eine **soziale** Komponente, sind gleichrangig und gleich gewichtet. Nur wenn ein Vorgehen oder ein Produkt die Umwelt schont, wirtschaftlich sinnvoll durchgeführt oder hergestellt werden kann und dabei soziale Aspekte wie gute Arbeitsbedingungen und sichere Arbeitsplätze vereint werden, ist es langfristig nachhaltig. Unstimmigkeiten bei einer Säule reichen bereits aus, damit die Nachhaltigkeit gefährdet ist. Der Gedanke der Nachhaltigkeit wurde vor über 300 Jahren, genauer 1713, erstmals von Hans Carl von Carlowitz in seinem Hauptwerk »Sylvicultura oeconomica«, dem ersten geschlossenen Werk über die Forstwirtschaft, beschrieben, womit der Grundstein der Nachhaltigkeit gelegt wurde. Seither ist die Nachhaltigkeit fester Bestandteil der Waldbewirtschaftung.

Der wichtigste Weiser für die nachhaltige Nutzung der Holzmenge ergibt sich aus der sogenannten **Forsteinrichtung**. Jeder größere Forstbetrieb lässt in regelmäßigen Abständen (meist alle zehn Jahre) den Wald untersuchen und grob beplanen. Dies ist aus steuerrechtlichen Gründen notwendig. Dabei wird eine **Waldinventur** vorgenommen, um den Ist-Zustand festzuhalten (wie viel Holz steht im Wald, wie alt sind die Bestände, welche Baumarten liegen vor?). Darauf aufbauend wird eine grobe Planung mit einem **Hiebsatz** festgelegt. Grundlage für einen nachhaltigen Hiebsatz, also eine Entnahmemenge Holz innerhalb eines bestimmten Zeitintervalls (z.B. pro Jahr), ist das Wissen über die Menge Holz, die jeweils hinzukommt, den Zuwachs. Der Hiebsatz sollte den Zuwachs nicht überschreiten, sonst würde man einen sogenannten Vorratsabbau vornehmen und mehr Holz nutzen als nachwächst. Aufgrund durch den Klimawandel bedingter neuartiger Anforderungen kann jedoch zur Risikoabsenkung hinsichtlich Waldschäden eine zeitweise Nutzung über dem Zuwachs notwendig werden. Eine Vorratsabsenkung auf ein niedrigeres Niveau senkt das Waldschadensrisiko und stärkt somit nach den erfolgten Hieben die Nachhaltigkeit. Nach der Forsteinrichtung erhält der Waldbesitzer eine **Forstbetriebskarte**, die jede betriebseigene Waldfläche zeigt (Darstellung nach Altersklassen oder Baumart), und das **Operat**, ein Betriebswerk im Sinne eines Wirtschaftsplans, das die Forsteinrichtung gesamtbetrieblich und heruntergebrochen auf den einzelnen Bestand zeigt.

Zertifizierung

In Deutschland sind nahezu alle Waldflächen zertifiziert, das heißt, der jeweilige Endverbraucher hat beim Kauf eine Sicherheit hinsichtlich Herkunft und Produktionsumstände des von ihm erworbenen Holzartikels.

Ich bin mir zu 100% sicher, dass jeder von Ihnen bereits einmal mit dem Thema »Zertifizierung« in Berührung gekommen ist, vielleicht auch unbewusst – beispielsweise beim letzten Einkauf im Supermarkt. Zertifizierung bedeutet, dass ein Produkt oder eine Dienstleistung von einem unabhängigen Dritten nach einem vorgegebenen Anforderungskatalog überprüft und bewertet wird. Bei erfolgreicher Zertifizierung wird das Produkt oder die Dienstleistung mit einem Zertifikat ausgezeichnet, das belegt, dass bei der Produktion bzw. Durchführung der Dienstleistung die entsprechenden Richtlinien eingehalten werden. Sicher sind Ihnen beim Einkaufen schon einmal Labels wie »Fairtrade« oder Siegel wie »Bioland« oder »Blauer Engel« aufgefallen. Im Lebensmittelbereich gibt es mittlerweile zahlreiche Zertifizierungssysteme (viele sprechen aufgrund der Vielfalt der inzwischen existierenden Zertifizierungslabels auch von einem »Label-Dschungel«). Grundsätzlich kann man nahezu alles zertifizieren, so auch Wald und Holz. Für Forstbetriebe und Waldbesitzer gibt es in Deutschland mehrere Zertifizierungssysteme, wie z.B. **PEFC™** (Programme for the Endorsement of Forest Certification Schemes) oder **Naturland**. Alle arbeiten mit ähnlichen Kriterien. Für den Forstbetrieb oder den Waldbesitzer bedeutet das, dass unter anderem die Nachhaltigkeit der Waldbewirtschaftung, die Erhaltung und Verbesserung von Schutzfunktionen, die Förderung der biologischen Vielfalt sowie soziale Inhalte wie die Einhaltung von Mindestlöhnen überprüft werden. Dazu werden Forstbetriebe und Waldbesitzer stichprobenartig kontrolliert. Dabei werden die Waldflächen begangen, um beispielsweise die Totholzmenge oder die Baumarten der Verjüngungs- und Kulturflächen zu untersuchen. Wird das Audit des Forstbetriebs oder Waldbesitzers durch den Zertifizierer positiv abgeschlossen, darf der Betrieb oder Waldbesitzer sein Holz mit Label verkaufen. Dieses Label zieht sich durch die gesamte Verarbeitungskette und landet schlussendlich auf der Verpackung des Holzproduktes. Der Endverbraucher hat somit beim Kauf eine Sicherheit hinsichtlich der Herkunft und der Produktionsumstände des von ihm erworbenen Artikels. Aus diesem Grund lohnt es durchaus, sich mit den unterschiedlichen Labels auseinanderzusetzen und beim Einkauf gezielt darauf zu achten.

In Deutschland sind nahezu alle Waldflächen zertifiziert. Im internationalen Vergleich ist die Forstwirtschaft in Deutschland durch ihre Strukturvielfalt und die kleinen Eingriffsgrößen als sehr besonders und naturnah anzusehen und wird aus diesem Grund von vielen Nationen als Grundlage zur Umstrukturierung ihrer Forstwirtschaftssysteme herangezogen.

Lebensabschnitte des Waldes

Jeder Wald durchläuft eine Reihe von natürlichen Entwicklungsstadien von der Verjüngungsphase bis zum Zusammenbruch. Nach diesen Phasen richtet sich die forstwirtschaftliche Einteilung in waldbauliche Wuchsklassen vom Jungwuchs bis zum Baumholz.

Natürliche Entwicklungsstadien

Wie jeder von uns unterliegt auch der Wald über die Jahre ganz natürlichen Veränderungen. Wir kommen als Säuglinge zur Welt, entwickeln uns zu Kleinkindern, später zu Teenagern, Erwachsenen und Senioren. Dabei verändern wir uns in unserer Gesundheit und Leistungsfähigkeit. Veränderung ist, wenn man so will, die einzige Konstante im Leben. Geht man mit offenen Augen durch den Wald und begleitet ein und dieselbe Fläche über mehrere Jahrzehnte, werden die Veränderungen im Wald auch für uns Menschen sichtbar. Die natürliche Waldentwicklung lässt sich in unterschiedliche Phasen untergliedern (5).

VERJÜNGUNGSPHASE

Die meisten Baumindividuen auf der Fläche finden sich in der Verjüngungsphase. Unzählig viele, teilweise mehrere Hunderttausend kleine Sämlinge pro Hektar keimen auf, nutzen das Licht und beginnen den Konkurrenzkampf um die besten Plätze. Strategien wie sehr schnell in die Höhe zu wachsen und ein Kronendach auszubilden, das Schatten auf weniger wuchskräftige Bäume wirft, zahlen sich in dieser Phase aus.

DICKUNGSPHASE

In dieser Phase sind die Bäume etwa zimmerhoch, und ihre Kronen berühren sich. Die Pflanzen stehen sehr dicht beieinander, sodass kaum Licht auf den Boden fällt. Kleinste Höhenunterschiede zwischen den Individuen entscheiden nun über das weitere Bestehen. Mit zunehmendem Wachstum wird der Wald dichter und dunkler.

SCHLUSSWALDPHASE

In der Schlusswaldphase hat sich eine Baumschicht mit einem geschlossenen Kronendach ausgebildet. Die Anzahl an Bäumen hat sich im Vergleich zur Dickungsphase nochmals merklich verringert.

OPTIMALPHASE

In der Optimalphase bleibt die Anzahl der Bäume relativ lange konstant. Der Konkurrenzkampf ist nahezu abgeschlossen, die stärksten Bäume haben sich herauskristallisiert. Die Kronen sind gut ausgebildet, die Baumhöhe nähert sich dem Maximum, und die Bäume nutzen ihre Ressourcen für das Dickenwachstum. Die Optimalphase gilt als leistungsfähigste Phase in Bezug auf den Zuwachs, der durchschnittliche Gesamtzuwachs ist hier am höchsten und bleibt konstant auf hohem Niveau in Bezug auf die Leistungsfähigkeit des Standorts. Die Vitalität ist gut, mit Ausnahme von auftretenden Krankheiten oder Abgängen, beispielsweise durch Sturm, sind die Bäume gesund.

PLENTERPHASE

In der Plenterphase beginnen erste einzelne Bäume abzusterben. Infolgedessen fehlen immer mehr Baumkronen, und so fällt zunehmend Licht auf den Boden, was das Aufwachsen von Verjüngung er-

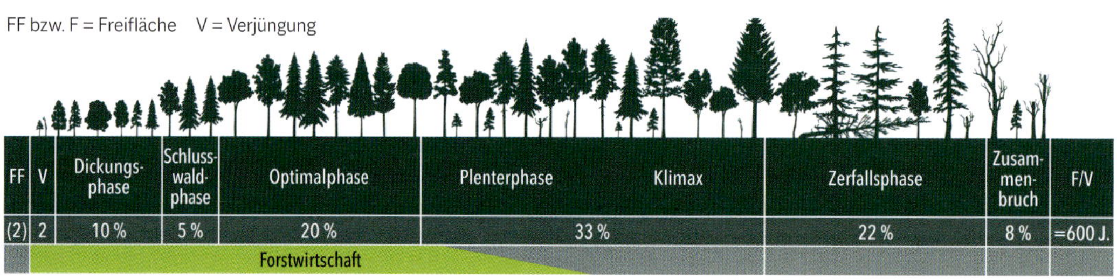

↑ **Schematische Darstellung der Entwicklungsstadien (verändert nach: Scherzinger)**

möglicht. Zufällig im Wald verteilt, entstehen somit Bereiche mit jungen Bäumen, die die bisherige Einschichtigkeit im bislang geschlossenen Kronendach auflösen. Das Waldbild wird strukturreich, in nahezu jeder Höhe finden sich nun Baumkronen. In der Plenterphase sind auf der gleichen Fläche Bäume unterschiedlichen Alters vorhanden.

KLIMAXPHASE

Diese Phase ist die Fortführung der Plenterphase, das Kronendach, das die höchsten Bäume bilden, wird zunehmend lichter und lückiger. Die unterständigen, nachwachsenden Bäume nutzen das nun vorhandene Licht und steigern ihr Wachstum deutlich. Teilweise wachsen die Baumkronen der jungen Bäume zusammen und bilden Bereiche mit einem geschlossenen Kronendach auf einer niedrigeren Höhenebene als das Kronendach des Ausgangsbestandes. Die Baumkronen der Jungbäume bilden somit eine von den Kronen der Altbäume unabhängige Schicht (Zweischichtigkeit).

ZERFALLSPHASE

In der Zerfallsphase erreichen die meisten Bäume auf der Fläche das Ende ihrer natürlichen Lebensdauer. Die Bäume sterben ab, infolgedessen sammeln sich größere Mengen an Totholz auf dem Boden.

ZUSAMMENBRUCH

Der Zusammenbruch markiert das Ende der natürlichen Waldentwicklung. In dieser Phase sterben die letzten großen Bäume ab, und ein Großteil der Fläche ist nun frei. Hier finden sich jetzt wieder Bedingungen, die das großflächige Aufkeimen und Aufwachsen von Verjüngung ermöglichen, sodass die natürliche Waldentwicklung wieder von vorn beginnt.

Wie lange ein Wald braucht, bis er alle Phasen durchlaufen hat und sich wieder verjüngt, hängt stark von der Lebensdauer der dominierenden Baumart ab. Bei der Birke (*Betula pendula*) dauert der Kreislauf etwa 100 Jahre, beim Bergahorn (*Acer pseudoplatanus*) 800 bis 1000 Jahre.

Wissenswertes

Auch ein Wald, der sich natürlich entwickelt, zeichnet sich in vielen seiner Phasen durch eine Ein- bis Zweischichtigkeit aus.

Waldbauliche Wuchsklassen

In der Forstwirtschaft arbeitet man mit den natürlichen Waldentwicklungsstufen von der Verjüngung bis zur ausgehenden Optimalphase. Bevor die ersten Bäume im Zuge der Plenterphase von selbst absterben, werden die Bäume rechtzeitig bewusst entnommen und entsprechend genutzt. Nur gesundes Holz erfüllt alle Qualitätsanforderungen an die erforderliche Festigkeit und Dauerhaftigkeit.

In der Forstwirtschaft werden die Entwicklungsstadien des Waldes, wie im Folgenden näher beschrieben, nach Baumhöhe und vor allem gemäß dem **Brusthöhendurchmesser** (BHD) festgelegt. Der BHD ist der Durchmesser eines Baumes in einer Höhe von 1,30 m über dem Boden. Dieser kann mit und ohne Baumrinde angegeben werden (6).

JUNGWUCHS

Jungwuchs oder auch Kultur umfasst die Phase der Waldverjüngung (sowohl künstlich als auch natürlich) bis zum Schluss der Baumkronen. Sobald sich

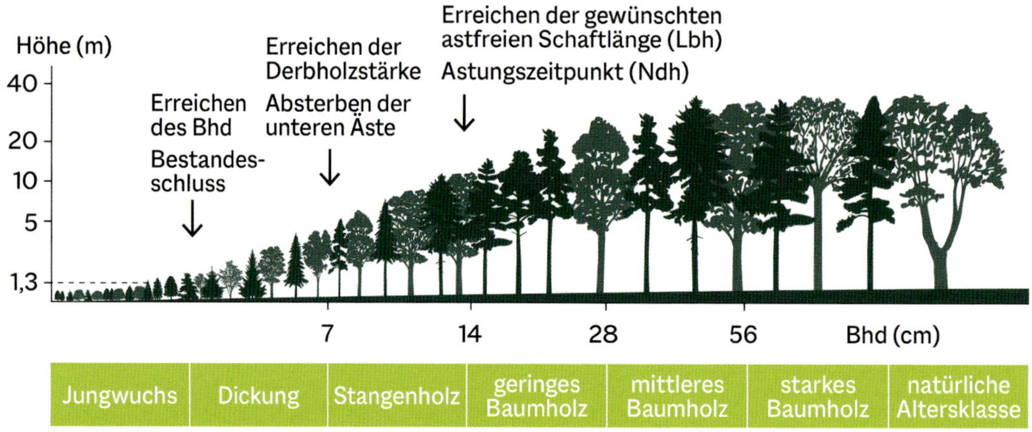

↑ Schematische Darstellung der waldbaulichen Wuchsklassen (verändert nach Mosandl und Paulus)

die Kronen geschlossen haben und aufkommende Konkurrenzvegetation keine Chance mehr hat, bezeichnet man eine Kultur als gesichert. Ab diesem Zeitpunkt ist nicht mehr damit zu rechnen, dass das Aufwachsen der jungen Forstbäume z.B. durch Brombeeren erschwert oder gar verhindert werden könnte. Während des Jungwuchses finden die ersten forstlichen Pflegeeingriffe statt. Die Jungwuchs- bzw. Kulturphase ist auch für das Wild hinsichtlich der Äsung sehr interessant. Zwischen den jungen Bäumen fällt viel Licht auf den Boden, was eine üppige Krautvegetation hervorbringt, die vom Frühjahr bis in den Spätherbst hinein als Nahrungsquelle für Wildtiere dient. Kleine Wildarten wie beispielsweise Hasen finden hier zudem ausreichend Deckung.

↑ Der Jungwuchs umfasst die Phase der Waldverjüngung bis zum Schluss der Baumkronen. Während dieser Phase finden die ersten forstlichen Pflegeeingriffe statt.

Den Jungwuchs finde ich persönlich am spannendsten. In keiner anderen Phase nimmt man als Mensch so viele Fortschritte in der Entwicklung der Bäume wahr wie in der Jungwuchsphase. Die Bäumchen, die ich pflanze, haben mich bei guter Pflege in ihrer Größe bereits zwei bis drei Jahre nach der Pflanzung eingeholt. Solche Flächen zu begleiten, zu sehen, wie der Startschuss für einen Wald fällt, der viele Jahrzehnte oder Jahrhunderte an einem Ort wachsen wird, ist die schönste Motivation und eine Art persönliche Sternstunde.

DICKUNG

Die Dickung der waldbaulichen Wuchsklasse entspricht der Dickung in der natürlichen Waldent-

↑ In der Dickungsphase herrscht Kronenschluss, wodurch das einfallende Licht abgeschirmt wird und nur wenig davon auf den Waldboden fällt.

↑ Im Stangenholz wird die Astreinigung fortgeführt, jedoch gibt es hier erste Eingriffe zur Kronenentwicklung der besten Bäume.

↓ Beim geringen und mittleren Baumholz liegt der forstwirtschaftliche Fokus auf der Erhöhung des Baumdurchmessers.

wicklung. Es herrscht Kronenschluss, d. h., die Astspitzen der verschiedenen Kronen berühren sich, wodurch das einfallende Licht abgeschirmt wird und auf dem Waldboden nur noch eine sehr niedrige Lichtintensität besteht. Durch das geschlossene Kronendach erhalten die unteren Äste der Bäume also wenig Licht. Die Blätter und Nadeln, die keine Fotosynthese mehr betreiben können, werden in der Folge vom Baum abgestoßen. In der Forstwirtschaft ist dieser Prozess der natürlichen **Astreinigung** von großem Belang, denn Äste haben entscheidend negative Auswirkungen auf die Holzqualität. Hochwertiges Holz sollte nach Möglichkeit keine Äste enthalten, d. h., je dicker die astfreie Schicht am Baumstamm, desto wertvoller und auch hochwertiger ist das Holz.

Für das Wild sind Dickungen ein idealer Einstand. Sie bieten über das komplette Jahr optimale Bedingungen als Schutz- und Ruheraum. Sie machen das Wild für uns Menschen nahezu unsichtbar. Von außen betrachtet lassen Dickungen keinen Blick weiter als 1, vielleicht 2 m in das Innere des Waldes zu. Nadelholzdickungen bieten ganzjährig Schutz vor Wind und Regen und im Winter auch vor Schneefall. Laubholzdickungen bieten im Winter hingegen Wärme und mehr Lichteinfall, da die Belaubung fehlt. Und an heißen Sommertagen haben Dickungen eine wohltuend kühlende Wirkung für das Wild. Das Äsungsangebot allerdings ist in Dickungen aufgrund der fehlenden Bodenvegetation eher schlecht.

Den natürlichen Lebenszyklus eines Waldes finde ich besonders faszinierend. Wie bei uns Menschen ist die Veränderung die einzige Konstante im Leben - vom Säugling bis zum Senior.

BEATRICE JÄGER

Als Abgrenzung der Dickung vom Stangenholz wird ein BHD von 7 cm angenommen. Auch wenn 7 cm vielleicht zunächst willkürlich erscheinen mag, gibt es eine Begründung für diesen Wert. Er markiert die sogenannte Derbholzgrenze und damit die Grenze der Nutzbarkeit des Holzes. Ab einem Durchmesser von 7 cm lassen sich erste Holzsortimente gewinnen, die stofflich verwertet werden können. Alles, was schwächer ist, verbleibt im Wald. Forstleute sprechen von Jugendpflege, solange kein verwertbares Holz anfällt. Sobald verwertbares Holz anfällt, spricht man von Durchforstung.

STANGENHOLZ

Im Stangenholz wird die Astreinigung fortgeführt, jedoch gibt es hier erste Eingriffe zur Steuerung der Kronenentwicklung der besten Bäume. Was die Behandlung der Bestände betrifft, bedeutet das, viel Fingerspitzengefühl an den Tag zu legen und nicht zu viel Licht zuzulassen, da die Äste sonst erhalten bleiben, aber zugleich auch für nicht zu starken Dichtschluss zu sorgen, damit die Bäume ausreichend wachsen können. Ab dieser Wuchsklasse finden die ersten forstlichen Eingriffe mit verwertbarem Holz (**Jungdurchforstungen**) statt, der erste maschinelle Einsatz mit einem Harvester, z.B. für Gassenaufhieb und Durchforstung, ist möglich. Für das Wild ist Stangenholz ähnlich wie eine Dickung als Einstand geeignet.

Sobald die Bäume im Mittel einen BHD von 14 cm erreicht haben, wird der Wald in die nächsthöhere Klasse eingestuft.

BAUMHOLZ

Das Baumholz lässt sich in drei Stufen einteilen: das **geringe** (BHD 14 bis 28 cm), das **mittlere** (BHD 29 bis 56 cm) und das **starke Baumholz** (BHD größer

Wuchsklassen

Die Einteilung der Wuchsklassen dient als Entscheidungshilfe für waldbauliche Maßnahmen.

Waldbauliche Wuchsklasse	Charakteristik	Forstliche Eingriffe
Kultur und Jungwuchs	Jungbäume bis zum Kronenschluss	Kultursicherung, Ausmähen
Dickung	Vom Kronenschluss bis zum Erreichen der Derbholzgrenze im Stammdurchmesser	Jugendpflege, Mischwuchs-regulierung, Läuterung
Stangenholz	7 cm Durchmesser (BHD) bis etwa 14 cm Durchmesser	Durchforstung, Astung
Baumholz (gering, mittel, stark)	Größer als 14 cm Stammdurch-messer	Durchforstung Kronenpflege Verjüngungshiebe im starken Baumholz

als 56 cm). Beim geringen und mittleren Baumholz liegt der forstwirtschaftliche Fokus auf der Erhöhung des Baumdurchmessers und der Erhaltung der Vitalität (Kronenpflege) durch regelmäßige Durchforstung.

Die **Altdurchforstungen**, die sich insbesondere auf die ausgewählten Bäume konzentrieren, beginnen etwa bei der Hälfte der Umtriebszeit. Bis zur Einreihung der Bestände (dem Beginn der Endnutzung) vergehen im Normalfall noch viele Jahrzehnte. Nach heutigen Waldbaustrategien kann allerdings bereits in den Altdurchforstungen die Verjüngung in die Überlegungen miteinbezogen werden. Das schmälert Risiken in den Altbeständen und ermöglicht im Fall von Kalamitäten (Schadereignissen) einen direkten Start mit der vorhandenen **Vorausverjüngung**. Als Vorausverjüngung bezeichnet man Jungbäume, die bereits vor der letzten Holzernte im Bestand unter vorhandenem Altholz zu wachsen beginnen. Stück für Stück werden lichtdurchflutete Bereiche geschaffen, die das Ankommen von Naturverjüngung zulassen. Ist der Wald in das starke Baumholz hineingewachsen, dienen die weiteren Eingriffe ausschließlich der Endnutzung und der Verjüngung. Ab diesem Zeitpunkt ist die Pflege der noch bestehenden Bäume abgeschlossen. Im Baumholz kann sich durch das durchlässiger werdende Kronendach eine Krautschicht ausbilden, wodurch das Wild hier viel Äsung findet.

Die Einteilung der Wuchsklassen ist als Schema zu verstehen und kann in ihrer Abgrenzung auch variieren. Sie dient in erster Linie als Verständnishilfe und Orientierung bei der Entscheidung, welche forstlichen Maßnahmen im Einzelnen konkret vorgenommen werden. Je nach Baumart und Zieldurchmesser können z.B. Verjüngungseingriffe auch deutlich früher stattfinden. Hier spielt des Weiteren die betriebliche Zielsetzung eine Rolle.

Betriebsarten

Es gibt verschiedene Arten der Waldbehandlung, je nach Baumart, Zielsetzung in Bezug auf das Holzsortiment, das man erzeugen möchte, und der Umtriebszeit. Die häufigste Betriebsart in Deutschland ist heutzutage mit über 90% die des Hochwalds.

In der Forstwirtschaft gibt es unterschiedliche Möglichkeiten, den Betrieb und damit die Waldbestände zu steuern. Je nach Baumart, Zielsetzung in Bezug auf das Holzsortiment, das man erzeugen möchte, und der **Umtriebszeit** ergibt sich eine andere Art der Waldbehandlung. Die Umtriebszeit ist die Zeitspanne von der Begründung des Bestandes oder der Verjüngung bis zur letzten Holznutzung (Endnutzung). Wie hoch die Umtriebszeit ist, richtet sich nach der Baumart und den Betriebszielen. Schnell wachsende Baumarten mit weniger dauerhaftem Holz haben eine kürzere Umtriebszeit, langsam wachsende Baumarten und/oder solche mit dauerhaftem Holz lassen längere Umtriebszeiten zu. Bei Fichten (*Picea abies*) z.B. beträgt die Umtriebszeit klassisch zwischen 90 und 120 Jahren, die Umtriebszeit von Stieleichen (*Quercus robur*) kann bis zu 300 Jahre betragen, die der Waldkiefer (*Pinus sylvestris*) liegt bei 80 bis 140 Jahren.

Die Herausforderungen des Klimawandels machen heute eine differenziertere Betrachtung der Umtriebszeiten notwendig. Die über die Jahre und Jahrzehnte hinweg konstanten Witterungsverläufe bis Ende der 1980er-Jahre ermöglichten einen gleichmäßigen Holzzuwachs mit geringem Risiko. Heute kann allein der Einfluss von Wind und Borkenkäfer beispielsweise bei der Fichte dazu führen, dass die Umtriebszeit nur noch auf 60 Jahre festgelegt wird.

Die Betriebsart kann theoretisch auch pro Fläche variieren, muss also bei einem großen Waldbesitz nicht für jeden Wald gleich sein. Über 90% der deutschen Wälder werden als Hochwald bewirtschaftet. Die weiteren möglichen Betriebsarten (Niederwald, Mittelwald und Plenterwald) sind meist historische Relikte oder theoretische Grundlagen, die helfen, die moderne Forstwirtschaft durch Integration von Konzepten wie z.B. dem Dauerwald vielseitiger zu gestalten.

Hochwald

Der Hochwald ist deutschlandweit die häufigste Betriebsform. Grundlage für diese Wälder sind Forstbäume aus **Kernwüchsen**, d.h., alle Bäume auf der Fläche sind ursprünglich einem Samenkorn entwachsen. Im Hochwald erreichen die Bäume auf der Fläche ihre namensgebende, standortgebundene Maximalhöhe. Die Umtriebszeiten im Hochwald sind im Vergleich zu den anderen Betriebsarten am höchsten. Prinzipiell ist ein Hochwald mit allen Baumarten möglich, von der Birke (*Betula pendula*) über die Stieleiche (*Quercus robur*) bis hin zur Douglasie (*Pseudotsuga menziesii*). Im Fokus stehen allerdings Arten, die die Erzeugung von Nutzholz (z.B. für den Häuserbau) oder Wertholz (z.B. für Furniere) zulassen. Meistens zeichnet sich der Hochwald durch eine herrschende Baumschicht aus. Die Verjüngung wird schlagweise (also durch den Einschlag von Holz, d.h. Baumfällungen) nach unterschiedlichen Vorgehensweisen eingeleitet, weshalb sich für diese Betriebsform der Begriff »schlagweiser Hochwald« verfestigt hat. Die Bewirtschaftung der Hochwälder erfolgt fast immer als Altersklassenwald. Das bedeutet, dass es nebeneinander unterschiedliche Bestände in verschiedenen Altersstufen gibt, jeder Bestand für sich betrachtet aber etwa eine Altersstufe abbildet. Diese sogenannte räumliche Ordnung bringt große Vorteile in der Planbarkeit der Eingriffe und dadurch auch im Holzmassenanfall. Im Idealfall hat ein Betrieb immer genauso viele Kulturflächen wie Abtriebsflächen, somit eine ausgeglichene Altersstruktur, in einem solchen Fall spricht man vom **Normalwaldmodell**. Dies ermöglicht eine ausgewogene, nachhaltige und gleichmäßige Holznutzung und hat zudem ökologische Vorteile, da im Waldgebiet parallel stets sowohl sehr junge, mittelalte als auch alte Baumbestände vorhanden sind. Aufgrund von Kalamitäten, wie z.B. großen Stürmen oder Schädlingsbefall, oder auch infolge von Zu- und Verkäufen kann die erzielte gleichmäßige Altersstruktur vom Ideal abweichen.

↑ Manche Baumarten besitzen die Fähigkeit zum Stockausschlag, d. h. im Fall des bodennahen Fällens können sie aus schlafenden Knospen des Wurzelstocks wieder austreiben.

Die Altersstruktur lässt sich kurzfristig nicht beeinflussen, weshalb ich die Altersstruktur bei allen langfristigen Planungen berücksichtige und auf Veränderungen laufend reagiere. Einwirkungsmöglichkeit habe ich z.B. bei der Festlegung von Umtriebszeiten oder der Reaktion bei aufkommender Naturverjüngung.

Mittelwald

Der Mittelwald ist eine kombinierte Betriebsform. Hier finden sich auf der gleichen Fläche sowohl Kernwüchse als auch Baumindividuen, die vegetativ aus den Stöcken ausgeschlagen haben. Der sogenannte **Stockausschlag** ist die Fähigkeit von Bäumen, im Fall des bodennahen Fällens aus schlafenden (äußerlich nicht sichtbaren) Knospen des verbliebenen Wurzelstocks wieder auszutreiben und neue Stammachsen zu bilden. Charakteristisch für Stockausschläge ist eine Mehrstämmigkeit, da viele Knospen gleichzeitig austreiben. Stockausschläge ähneln daher optisch Sträuchern. Jedoch ist nicht jede Baumart zur Ausbildung von Stockausschlägen in der Lage. Zu den Baumarten, die stockausschlagfähig sind, zählen beispielsweise Pappeln (*Populus spec.*), die Hainbuche (*Carpinus betulus*), Ahorne (*Acer spec.*), Linden (*Tilia spec.*) und Weiden (*Salix spec.*). In der Mittelwaldwirtschaft macht man sich diese Eigenschaft zunutze, um in einem Zyklus von etwa 30 Jahren Brennholz gewinnen zu können. Zwischen den Stockausschlägen befinden sich Kernwüchse zur Erzeugung von Nutzholz. Klassischerweise wird hier viel mit Stieleiche (*Quercus robur*) oder Traubeneiche (*Quercus petraea*) gearbeitet. Eichen sind zwar ebenfalls stockausschlagfähig, zur Erzeugung von Nutzholz ist es allerdings wichtig, einen einzelnen, möglichst geraden Stamm zu bekommen, weshalb hier nur mit Kernwüchsen gearbeitet werden kann. Diese Bäume verbleiben deutlich länger als 30 Jahre auf der Fläche und werden erst gefällt, wenn die Stammstärke für die Verwertung als Nutzholz ausreichend ist. Somit entsteht ein zweischichtiger Wald: eine untere Baumschicht aus Stockausschlägen und eine obere, hohe Baumschicht aus Kernwüchsen. Die Kernwüchse können sowohl gepflanzt als auch aus Naturverjüngung hervorgegangen sein. Die Bäume, die zur Nutzholzerzeugung auf der Fläche verbleiben, werden als **Lassreitel** bezeichnet, sie haben eine wichtige Funktion als Samenbäume. Insbesondere bei einer Bewirtschaftungsform mit Eiche (*Quercus spec.*) ist eine Nebennutzung als Hutewald möglich. Das bedeutet, man kann z.B. Schweine zur Zeit der Eichelmast in den Wald treiben, wo sie die Eicheln als natürliche Nahrung aufnehmen. Das dabei erzeugte Fleisch zeichnet sich durch einen hervorragenden Geschmack aus, gerade im Süden Spaniens und in Portugal gilt das Fleisch der dort gehaltenen Iberischen Schweine als wahre Delikatesse. In Deutschland werden zu diesem Zweck Schwäbisch-Hällische Landschweine in den Wald getrieben. Die historische Waldbewirtschaftungsform als Hutewald ist jedoch nicht in ganz Deutschland möglich. Sie ist in den Landeswaldgesetzen geregelt, wobei sie in einigen Bundesländern untersagt wird.

Heute spielt die Mittelwaldbewirtschaftung in Deutschland nur noch selten eine Rolle. Die bayerische Stadt Iphofen als Beispiel verfügt noch über umfangreiche Mittelwälder, das fränkische trockenwarme Klima mag hier eine Rolle spielen, aber auch die Verantwortung, alte Waldbilder durchaus zu erhalten. Stockausschlagfähige Weichhölzer sind als Brennholz nicht mehr populär, möglicherweise ändert sich das bei den heutigen Entwicklungen der Heizkosten. Auch eine Nebennutzung für Vieh ist aufgrund der landwirtschaftlichen Strukturen und Haltungsformen nicht mehr so interessant. Der Fokus liegt somit auf Wert- und Nutzholz, das im Hochwald in größeren Mengen erzeugt werden kann. Zudem fällt hier automatisch Brennholz aus den Vornutzungen (Durchforstungen) an.

Niederwald

Diese Betriebsform ist das Gegenteil des Hochwaldes. In einem Niederwald entstehen alle Bäume ausschließlich aus Stockausschlägen oder Wurzelbrut. Hauptaugenmerk bei der Holzerzeugung liegt hier auf dem Brennholz. Die Hochzeit der Niederwälder war im Mittelalter, als gerbstoffhaltige Rinde für die Gerbereien, Holzkohle, Ruß für Tinte, krautbewachsene Flächen für die Imkerei und Beweidung und vieles mehr im täglichen Leben benötigt wurden. Das Anforderungsprofil an die damaligen Waldflächen war damit ein völlig anderes als heute. Die Umtriebszeit im Niederwald beträgt zehn bis 30 Jahre. Die verwendeten Baumarten entsprechen den stockausschlagfähigen Arten der Mittelwälder und sind in der Regel zu den Licht- und Pionierbaumarten zu zählen. Diese zeichnen sich durch ein rasches Jugendwachstum aus, was in der Kürze der Umtriebszeit viel Biomasse entstehen lässt. Nachdem die Bäume auf den Stock gesetzt wurden, finden in der Bewirtschaftungseinheit bis zum Ende

↑ Im Mittelwald finden sich auf gleicher Fläche sowohl Kernwüchse als auch Baumindividuen aus Stockausschlägen.

der Umtriebszeit keinerlei Maßnahmen mehr statt. Ähnlich wie beim Hochwald lässt sich ein Niederwald auch im Normalwaldmodell betreiben und in Bewirtschaftungseinheiten unterteilen, die es ermöglichen, jedes Jahr eine Kleinfläche zu nutzen, da jedes Jahr erneut ein Waldstück die Umtriebszeit erreicht.

Niederwälder sind in ihrer Bewirtschaftung ähnlich den heutigen Kurzumtriebsplantagen, die jedoch oftmals mit einer noch geringeren Umtriebszeit arbeiten.

Plenterwald

Im Kapitel »Lebensabschnitte des Waldes« haben wir uns bereits mit der Plenterphase, einer Phase innerhalb der natürlichen Waldentwicklung, auseinandergesetzt. Als Betriebsart stellt der Plenterwald eine Sonderform des Hochwaldes dar und ist das Gegenteil eines Schlagwaldes. In einem Schlagwald werden Hiebsmaßnahmen durchgeführt, die das Aufkommen von Verjüngung oder die Möglichkeit der Pflanzung an einem Waldort ermöglichen, wobei der Eingriff im Gegensatz zur Plenterung nicht einzelbaumweise, sondern in Kleinflächen erfolgt. In einem Plenterwald befinden sich im Gegensatz zu einem Altersklassenwald die unterschiedlichen Baumaltersstufen nicht auf getrennten Flächen nebeneinander, sondern alle Altersstufen kommen zugleich auf ein und derselben Fläche vor. Im Plenterwald gibt es immer junge, mittelalte und alte Bäume gleichzeitig. Dadurch erscheint der Wald sehr strukturreich, da eine Schichtung der Baumkronen in unterschiedliche Ebenen wie in den anderen Betriebsarten nicht mehr zu erkennen ist. Vielmehr steht man quasi vor einer grünen Wand aus Bäumen. Die Nutzung im Plenterwald erfolgt nicht schlagweise nach einer Umtriebszeit, sondern einzelbaumweise nach Zielstärke. Dieses Vorgehen birgt große Risiken für die im Wald verbleibenden Bäume. Im schlagweisen Hochwald erfolgt am Ende der Umtriebszeit die vollständige Nutzung der Altbäume. Die Fläche ist daraufhin kurzzeitig unbestockt und wird wieder bepflanzt oder ist bereits mit Naturverjüngung bedeckt. Dies lässt eine große Bandbreite an Fälltechniken zu, und die Menge der entstehenden Fällschäden wird minimiert. Im Plenterwald sieht man sich bei der Entnahme eines jeden Baumes vor die Frage gestellt, wie man einen Platz finden soll, auf den der Baum gefällt werden kann, ohne dass dabei andere Bäume beschädigt werden. Im Plenterwald sind die möglichen Arbeitsverfahren zur Fällung eingeschränkt. Meist bleibt hier nur die motormanuelle Fällung, die aufgrund der Sondersituation (unwegsames Gelände, wenig Platz) gefährlicher ist als die maschinelle Holzernte mit einem Harvester. Zudem ist das Risiko groß, Fällschäden zu erzeugen, die die verbliebenen Bäume anfällig für Krankheiten und Pilze machen oder die Bäume im ungünstigsten Fall sogar völlig entwerten.

Eine Besonderheit des Plenterwaldes ist sein Dauerwaldcharakter. Das bedeutet, dass man in dieser Betriebsform nie die Situation vorfinden wird, in der die Fläche unbestockt (frei von Forstbäumen) ist, da sich der Wald in einem ständigen Verjüngungsprozess befindet. Aus diesem Grund wird im Zusammenhang mit dem Plenterwald häufig von »Urwaldcharakter« gesprochen, da sich viele Menschen bildlich einen Urwald so vorstellen. Allerdings handelt es sich bei einem Plenterwald um eine Betriebsform, bei der man den Wald künstlich in der Plenterphase halten muss, da sich die Struktur sonst auflösen und der Wald sich wieder in Richtung Einschichtigkeit entwickeln würde. Entscheidend ist dabei, welche Vorratshaltung man hat, also wie viel Holzbiomasse pro Hektar in Form von Bäumen auf der Fläche ist. Ist der Holzvorrat zu hoch oder zu niedrig, verliert der Wald sein Plentergleichgewicht und tendiert wieder zu einem einschichtigen Hoch wald. Für den Förster bedeutet das, viel Fingerspitzengefühl bei der Entnahme von Bäumen zu beweisen. In Bezug auf die Baumartenausstattung ist der Plenterwald auf schattentolerante Baumarten beschränkt. Heimische Baumarten dieser Kategorie, die sich in einem Plenterwald finden, sind somit in der Hauptsache die Rotbuche (*Fagus sylvatica*), die Weißtanne (*Abies alba*) und die Fichte (Picea abies), vereinzelt auch die Eibe (*Taxus baccata*). Da sehr viele Baumschichten auf einer Fläche vorhanden sind, fällt nur wenig Licht auf den Boden. Eine Krautschicht hat somit kaum eine Chance, und junge Bäume müssen unter Umständen Jahrzehnte in einer Warteposition verbringen, bis sie durch die Entnahme eines benachbarten Baumes genug Licht für ihr weiteres Wachstum erhalten. Aufgrund der Schwierigkeiten und Einschränkungen, die mit dieser Bewirtschaftungsform einhergehen, gelten Plenterwälder in Deutschland als Sonderform der Waldbewirtschaftung.

Für die Bejagung sind Plenterwälder eine echte Herausforderung. Insbesondere im Sommer, wenn alles belaubt ist, sind die Sichtweiten sehr kurz und die Fenster im Astwerk zum Ansprechen und Schießen nur sehr klein. Bei dieser Bewirtschaftungsform bedarf es für eine erfolgreiche Bejagung einer

↑ Im Gegensatz zum Hochwald entstehen im Niederwald alle Bäume aus Stockausschlägen oder Wurzelbrut.

guten Planung (Setzen zeitlicher Schwerpunkte, Freischneiden von Schneisen usw.).

Aus Sicht eines Waldbesuchers ist ein Plenterwald durchaus eine außergewöhnliche Erfahrung. Ich weiß noch sehr gut, als ich zum ersten Mal in einem Plenterwald war. Von früheren Waldbesuchen war ich es gewohnt, durch die Altholzbestände hindurch weit in den Wald hineinblicken zu können und mir aufgrund der Baumartenwechsel und der unterschiedlich alten Bestände eine gute Orientierung zu verschaffen. Im Plenterwald bot sich mir ein einheitliches, sehr üppig bewachsenes Waldbild. Ohne Wege ist eine Orientierung schwer, der Blick in den Bestand hinein endet bereits nach ein paar Metern, möchte man den Weg verlassen, um z.B. Pilze zu suchen, muss man sich mit viel Geschick durch die jüngeren Bäume lavieren.

Vor- und Nachteile von Plenterwald

Vorteile

→ Dauerhafte Bestockung
→ Naturverjüngung
→ Gleichmäßiger Holzanfall
→ Strukturreichtum

Nachteile

→ Beschränkung auf Schattbaumarten
→ Erschwerte Holzernte
→ Erfahrung bei Wahrung des Plentergleichgewichts nötig
→ Große Fläche erforderlich

Einzelne Betriebsarten

Die Betriebsart richtet sich nach der Baumart, der Zielsetzung und der Umtriebszeit.

Betriebsart	Walderneuerung	Holzernte	Erzieltes Holzprodukt	Baumarten
Hochwald	Kernwuchs (Naturverjüngung oder Pflanzung)	Regelmäßige Durchforstung, Endnutzung am Ende der Umtriebszeit	Sägefähiges Holz für unterschiedliche Anwendungen	Alle
Mittelwald	Kernwuchs und Stockausschlag	Flächige Nutzung der Stockausschläge nach Umtriebszeit, Ernte der Kernwüchse nach doppelter Umtriebszeit	Sägefähiges Laub- und Brennholz	Lichtbaumarten, stockausschlagfähige, schnell wachsende Pioniere
Niederwald	Stockausschlag Wurzelbrut	Flächige Räumung in kurzem Umtrieb	Brennholz	Stockausschlagfähige, schnell wachsende Pioniere
Plenterwald	Kernwuchs (Naturverjüngung)	Durchgehende Einzelbaumentnahme	Sägefähiges Holz für unterschiedliche Anwendungen	Schattbaumarten

Reinbestand und Baumartenmischung

Was man unter einem Reinbestand versteht, erschließt sich wohl jedem. Bei der Definition von Mischwald dagegen wird es schon schwieriger. In der Forstwirtschaft wird deshalb zwischen verschiedenen Mischungsformen unterschieden.

»Mischwald« – diesen Begriff hat jeder von uns mit Sicherheit bereits mehrfach gehört, über ihn gelesen oder ihn auch selbst einmal verwendet. Mit einem grundlegenden Selbstverständnis wird davon ausgegangen, dass jeder diesen Begriff direkt versteht und bei allen das gleiche Bild vor dem inneren Auge entsteht. Doch Mischwald ist nicht einheitlich definiert. Es gibt viele Formen von Mischwald. Und wo man jeweils die Grenze zwischen einem Reinbestand und einem Mischwald zieht, kann durchaus auch von der persönlichen Anschauung abhängen. Hierzu ein kleines Gedankenexperiment: Sie gehen in den Wald, bleiben mitten auf dem Weg stehen, drehen sich einmal um die eigene Achse, und die einzige Baumart, die Sie sehen, ist die Kiefer. Ist das Mischwald? Hier sind wir uns, denke ich, alle einig, dass es sich dabei um einen Reinbestand handeln muss. Nun gehen Sie auf dem Waldweg weiter, bleiben erneut stehen und sehen sich um. Nun blicken Sie links in den Wald hinein, dort stehen bunt durcheinander Eichen und Hainbuchen, rechts im Wald wachsen Douglasien und Linden. Ich würde sagen, das ist eindeutig Mischwald. Wieder gehen Sie weiter und bleiben nach einer Weile stehen, um sich den Wald um Sie herum genauer anzusehen. Links vom Weg stehen Buchen, nur Buchen. Rechts vom Weg stehen Tannen, nur Tannen. So ein richtiger Reinbestand ist das ja nicht, oder etwa doch? Und wie sieht es aus, wenn unter einen Fichtenbestand Tannen gepflanzt wurden? Ich glaube, hier wird schnell deutlich, wie komplex das Thema »Mischwald« samt dessen Definition ist. In der Forstwirtschaft wird deshalb zwischen verschiedenen Arten von Mischwald unterschieden. Diese forstwirtschaftlichen Definitionen richten sich nach der Anordnung der Baumarten und der Größe der Fläche der beigemischten Baumart.

Eines bleibt festzuhalten: Unabhängig von ihrer individuellen Zusammensetzung bringen alle Mischungsformen die gleichen Vorteile. Mischwälder sind in der Regel stabiler in Bezug auf die Anfälligkeit gegenüber Wind- und Insektenkalamitäten. Dadurch, dass weniger Individuen der gleichen Art auf einem Fleck wachsen, verringert sich das Risiko, Massenvermehrungen von Insekten ausgesetzt zu sein. Bei der richtigen Baumartenwahl erhöht sich zudem die Windstabilität, da sich damit auch die horizontale Struktur im Wald (z.B. Wechsel unterschiedlicher Kronentypen und Wuchsformen) erhöht und die komplementären Wurzelwerke den Boden besser erschließen. Zudem können auch positive Auswirkungen auf das Wachstum der Bäume festgestellt werden. Mischt man in Nadelgehölze Laubgehölze, profitieren die Nadelbäume von der positiven Wirkung der Laubstreu auf dem Boden. Dieser Effekt, dass Mischbestände die Leistungsfähigkeit der Reinbestände übertreffen können, hängt allerdings entscheidend von den jeweiligen Baumarten ab. Baumarten lassen sich aufgrund ihrer unterschiedlichen Konkurrenzkraft und ihrer divergenten Standortansprüche nicht wahllos bunt miteinander kombinieren.

Vor- und Nachteile von Mischwald

Vorteile

→ Risikostreuung
→ Strukturreichtum
→ Höhere Resilienz
→ Gegenseitige Förderung der Mischbaumarten

Nachteile

→ Baumarten nicht wahllos mischbar
→ Durchgehende Förderung der Mischbaumarten notwendig
→ Ausreichende Flächengröße erforderlich

Reinbestand

Häufig als forstliches Kunstprodukt abgestempelt, ist der Reinbestand, also eine Bewirtschaftungseinheit im Wald, die ausschließlich eine Baumart aufweist, häufig in der Kritik. Allerdings kommen auch in der Natur (und das gar nicht so selten!) Reinbestände vor. Blickt man ins Gebirge, gibt es Höhenlagen, in denen ausschließlich Fichte (*Picea abies*) oder Lärche (*Larix decidua*) zu finden ist. In großen Teilen Deutschlands wäre die natürliche Bewaldung, ohne Eingriff des Menschen, reine Rotbuche (*Fagus sylvatica*). Blickt man nach Nordeuropa, markieren dort Reinbestände aus Fichte (*Picea abies*), Moor-Birke (*Betula pubescens*) oder Waldkiefer (*Pinus sylvestris*) die Kältegrenze des Waldes.

Häufig fällt im Zusammenhang mit Reinbeständen der Begriff »Monokultur«. Monokultur ist ein Begriff aus der Landwirtschaft, der in forstlichem Kontext jedoch irreführend ist. In landwirtschaftlichen Monokulturen werden in den meisten Fällen genetische Klone aus Züchtungen verwendet. Das heißt, alle Pflanzen sind genetisch vollkommen identisch mit der Mutterpflanze. Sind die Pflanzen Beeinträchtigungen ausgesetzt, wie z.B. Schädlingen oder Trockenheit, reagieren alle Individuen dementsprechend exakt gleich. Die Anpassungsfähigkeit solcher Pflanzen ist sehr gering, da der Genpool maximal eingeschränkt ist. In der deutschen Forstwirtschaft sind genetische Klone verboten. Das heißt, auch wenn ein Waldbestand nur aus einer Baumart besteht, sind die Individuen aus einem breiten Genpool entstanden, womit eine Möglichkeit der Anpassung an sich verändernde Umwelteinflüsse möglich ist.

Reinbestände sind mit forstwirtschaftlichen Vorteilen verbunden. Auf der Fläche hat man nur Bäume, die mit sich selbst konkurrieren, das erleichtert die Behandlung der Bestände und gibt mehr Spielraum hinsichtlich der Durchforstungsstärke und des Durchforstungszeitpunkts. Die **biologische Automation**, also der selbstständige Ablauf natürlicher Prozesse, die in der Forstwirtschaft helfen, Bestände gezielt zu entwickeln, ist im Reinbestand am effektivsten. Das bedeutet, dass ich bei dieser Bestandesform die natürlichen Prozesse und Selbstregulationsmechanismen zur Erreichung meiner Ziele (z.B. Naturverjüngung, Astreinigung) bestmöglich nutzen kann. Das Qualitätsmanagement wird erleichtert, da das ungemischte Aufwachsen bereits bei den Ersteingriffen große Anteile qualitativ guten Holzes für die stoffliche Verwertung anfallen lässt. Mit der innerartlichen Konkurrenzdynamik lässt sich leichter umgehen als mit Konkurrenzdynamiken von Arten untereinander. Übertragen auf Baumartenmischungen bedeutet dies, dass sich Arten, die eine ähnliche innerartliche Konkurrenzdynamik (z.B. Schattentoleranz, schnelles Jugendwachstum) aufweisen, auch leichter mischen lassen.

Zu den biologischen Vorteilen kommen natürlich auch noch betriebliche: Die Holzvermarktung wird leichter, da man auf einen Schlag von einem Sortiment mehr anbieten kann, womit die Logistik einfacher und der Kauf für den Holzabnehmer interessanter wird. Die betriebliche Planbarkeit ist in Reinbestandsparzellen deutlich besser, da der Holzmassenanfall präziser eingeschätzt werden kann.

Die Nachteile von Reinbeständen beziehen sich auf die deutlich höheren Risiken in Bezug auf Schadereignisse. Arbeitet man mit Reinbeständen, ist es daher wichtig, die Größe der Flächen mit der jeweils gleichen Baumart im Bereich von etwa 0,5 bis 1 ha zu halten. In dieser Spanne kommen die Vorteile (biologische Automation, einfache Holzvermarktung usw.) eines Reinbestandes deutlich zum Tragen, die Risiken in Bezug auf Schadereignisse sinken auf ein tragbares Maß. Sind die Reinbestandsflächen kleiner als 0,5 ha, schmälert dies die waldbaulichen und wirtschaftlichen Vorteile deutlich, sind

↑ **Ein Reinbestand, also ein Bestand aus nur einer Baumart (hier Buche), muss nicht unbedingt nur nachteilig sein.**

die Reinbestandsflächen hingegen viel größer als 1 ha, überstrahlt das steigende Risiko die waldbaulichen und wirtschaftlichen Vorteile. Eine Sondersituation in diesem Zusammenhang stellt die Eiche (*Quercus spec.*) als ausgesprochene Lichtbaumart da. Bei ihr sind Flächengrößen von 1 ha und mehr Voraussetzung für eine gute Entwicklung.

Vor- und Nachteile von Reinbestand
Vorteile
→ Ausschließlich innerartliche Konkurrenz
→ Einfache Steuerung der Qualität
→ Leichte Holzvermarktung

Nachteile
→ Hohes Risiko hinsichtlich Schadereignissen
→ In den meisten Fällen wenig Struktur

Einzelstammweise Mischung

Bei einer einzelstammweisen Baumartenmischung sind ein oder mehrere Mischbaumarten als einzelner Baum in einen sonst homogen von einer Hauptbaumart dominierten Bestand beigemischt. Die Standorte der Mischbaumarten können auf der Fläche zufällig verteilt sein. Lässt man den Blick durch einen Wald schweifen, der z.B. als Hauptbaumart die Fichte (*Picea abies*) hat, und entdeckt dabei immer wieder (beispielsweise etwa alle 30 m) eine Stieleiche (*Quercus robur*), die in diesem Wald zu der herrschenden Klasse gehört, spricht man von einem **Fichtenbestand mit einzelstammweise beigemischter Eiche**. Die Mischbaumart ist hier ausschließlich von der Hauptbaumart umgeben. Diese Mischungsform lässt sich nur realisieren, wenn die Baumarten ähnliche Ansprüche haben und zudem dafür gesorgt wird, dass Mischbaumarten weder verdrängt noch stark vorwüchsig werden (7).

Truppweise Mischung

Von einem Trupp spricht man, wenn die Mischbaumart eine in sich geschlossene Fläche bis zu einer halben Baumlänge im Durchmesser in Anspruch nimmt (7). Bei der Größenangabe von Flächenanteilen dient dem Forstmann häufig die Angabe in Baumlängen. Eine volle Baumlänge entspricht 30 m. Im Fall der truppweisen Beimischung hat die Fläche der Mischbaumart maximal 15 × 15 m, also etwa 225 m^2.

Spannend in diesem Zusammenhang ist die Überlegung, wie viele Baumindividuen im Endbestand auf der Truppfläche vorhanden sein werden. 225 m^2 erscheinen im ersten Moment relativ viel, überlegt man sich, wie geräumig allein ein Haus in dieser Größe ist. In forstlichen Maßstäben gedacht, ist das allerdings relativ wenig. Ein ausgewachsener Laubbaum hat eine sehr große Krone. Hier geht man im Schnitt von einem Platzanspruch pro Baum von 10 × 10 bis 12 × 12 m aus, da die Krone von der Stammachse aus in jede Richtung betrachtet etwa 5 bis 6 m über den Stamm hinausragt. Somit bleiben bei einer truppweisen Beimischung im Endbestand zwei, maximal drei Mischbäume übrig. Nadelbäume sind in der Regel etwas schlanker (eine Ausnahme an dieser Stelle ist z.B. die Douglasie [*Pseudotsuga menziesii*]). Hier geht man von einem Raumbedarf von 8 × 8 bis 10 × 10 m aus, womit am Ende drei bis vier Bäume im Trupp stehen bleiben.

Gruppenweise Mischung

Von einer **gruppenweisen Mischung** spricht man, wenn die Fläche der Mischbaumart sich bis zu 900 m^2 erstreckt, somit in Länge und Breite maximal einer Baumlänge (30 m) entspricht (7). Die gruppenweise Mischung wird häufig beim Voranbau von Baumarten gewählt. Von **Voranbau** spricht man, wenn unter ein bestehendes Altholz schattentolerante Jungpflanzen meist einer anderen Baumart gepflanzt werden, die dann nach der Endnutzung des Altholzes den neuen Bestand bilden. Somit lässt es sich vermeiden, nach der Holzernte eine kurzfristig unbestockte Freifläche zu haben.

Aufgrund der notwendigen Schattentoleranz ist das im Wesentlichen nur mit Rotbuche (*Fagus sylvatica*), Weißtanne (*Abies alba*) und Eibe (*Taxus baccata*) möglich.

Horstweise Mischung

Die nächstgrößere Ansammlung an Mischbaumarten ist die **horstweise Mischung**. Hier erreicht die Fläche der Mischbaumart bis zu zwei Baumlängen (60 m) in der Ausdehnung. Die Grenze liegt hier in etwa bei 3.600 m^2. Um ein Gefühl dafür zu bekommen, wie vielen Jungpflanzen dies bei einer Pflanzung entspricht, unterstellen wir einen Pflanzverband von 2 × 1,5 m. Jede Jungpflanze nimmt somit 3 m^2 in Anspruch, bei 3.600 m^2 stehen demzufolge dann 1.200 frisch gepflanzte Bäume auf der Fläche. Die horstweise Mischung bietet bereits deutlich mehr Spielraum als die zuvor genannten Mischungsformen, was die Auswahl der Baumarten betrifft. Schnell- und langsamwüchsige Baumarten können in dieser Form gemischt werden, da die jeweils eigenen Flächenanteile groß genug sind (7).

Kleinflächenweise Mischung

Als kleinflächenweise Mischungsform bezeichnet man alle Mischflächen, die die horstweise Mischung überschreiten. Auch wenn die Fläche der Mischbaumart hier relativ groß ist, wirken auf den umgebenden Bestand die vollen Einflüsse einer Baumartenmischung.

Streifenmischung

In jungen Beständen lassen sich häufig die Pflanzreihen noch erkennen. Bei der Pflanzung von Bäumen ist das Einbringen von Mischbaumarten in Reihen eine sehr einfache Methode, die in der praktischen Umsetzung im Gelände sehr gut funktioniert. Als Beispiel kann so in einem Stieleichenbestand (*Quercus robur*) jede vierte Reihe eine Reihe Winterlinde (*Tilia cordata*) sein. Gängig ist die Beimischung von Baumarten in jeder dritten bis fünften Reihe. Auch wenn sich das Reihenmuster mit der Zeit etwas verliert, erhält man bei dieser Mischungsform immer Bereiche, die direkt von der Mischbaumart beeinflusst sind, und solche, die von einem indirekten Einfluss profitieren.

↑ **Bei der gruppenweisen Mischung erstreckt sich die Fläche der eingemischten Baumart bis zu 900 m^2.**

Forstliche Eingriffe

Die Bandbreite forstlicher Eingriffe ist groß und reicht von Verjüngungsverfahren über Pflegemaßnahmen bis hin zur eigentlichen Holzernte.

Wer »forstlicher Eingriff« hört, dem kommen wohl zuallererst Bilder mit Motorsäge und Harvester in den Sinn. Doch die Bandbreite forstlicher Eingriffe ist riesig. Insbesondere sehr junge Waldflächen benötigen viel Zuwendung. In Form von Pflanzverfahren, Freimähen und Entnehmen ungeeigneter Jungbäume sowie Qualitätsschnitten und ersten Astungen wird hier bereits eingegriffen. Die jeweils verwendeten Verfahren richten sich nach den Baumarten, der betrieblichen Zielsetzung und dem jeweiligen Standort.

Verjüngung

Ein Waldbestand kann sich entweder natürlich verjüngen oder die Bäume können künstlich durch den Menschen mittels Saat oder Pflanzung in den Boden eingebracht werden. Beide Varianten haben sowohl Vor- als auch Nachteile.

Mit der Waldverjüngung werden die Weichen für die Zukunft gestellt. Hier entscheidet sich, wie der Wald von morgen aussehen soll. Alle Entscheidungen bezüglich Klimastabilität, Mischung, Holzsortiment usw. werden bei der Verjüngung getroffen. Was hier festgelegt wird, prägt das Landschaftsbild und die Ressourcensituation in den kommenden (mindestens) 100 Jahren und somit auch für zukünftige Generationen. Grundlegend gibt es zwei Arten (natürlich und künstlich), einen Wald zu verjüngen und damit in die nächste Generation zu bringen. Beide weisen sowohl Vor- als auch Nachteile auf und haben je nach Situation ihre Berechtigung.

Verjüngung ist kein Selbstläufer. Öffentliche Baumpflanzaktionen vermitteln manchmal das Bild, dass man Bäume in den Boden steckt, sie einmal kräftig gießt, bevor sie dann allesamt ohne Probleme und ohne jegliche weitere Maßnahmen in die Höhe schießen. Dass aber insbesondere am Anfang Waldflächen besonders viel Zuwendung brauchen und eine Flächenkontrolle alle paar Monate erfolgen sollte, wissen die wenigsten.

Erzähle ich in meinem Umfeld, dass ich Försterin bin, gehen die meisten Assoziationen zu meinen

Tätigkeiten in Richtung Holzernte. Dass ich mich jedoch fast die Hälfte meiner Arbeitszeit im Wald mit Kulturflächen beschäftige, überrascht die meisten. Zugegeben, auch ich hätte vor dem Start in die Berufswelt nicht mit einem derartigen Arbeitsaufwand in diesem Bereich gerechnet, auch wenn sich die Verjüngungsflächen aufgrund der deutschlandweit großen Kalamitäten im Wald und durch den Waldumbau im Zuge des Klimawandels längst im Zentrum des Geschehens befinden.

Der Umgang mit Forstpflanzen aus rechtlicher Sicht ist in Deutschland im **Forstvermehrungsgutgesetz (FoVG)** geregelt. Dieses Gesetz schafft einen Rahmen für die Gewinnung von Saatgut und Wildlingen, den Lieferverkehr, die Anzucht und den Verkauf von Forstpflanzen. Dazu gehört auch dic Ausweisung von Herkunftsgebieten für jede im FoVG gelistete Baumart. Deutschland wurde auf Grundlage der ökologischen Grundeinheiten in **unterschiedliche Herkunftsgebiete** unterteilt (für jede Baumart einzeln). Innerhalb eines Herkunftsgebietes sind die Wuchsbedingungen für eine Baumart ähnlich. Diese Bedingungen sind ausschlaggebend für die natürliche Verbreitung und durch die genetische Vielfalt auch für eine Angepasstheit der Bäume an das jeweilige Gebiet.

Das FoVG gibt die Regeln für den Umgang mit Forstpflanzen während der Produktion und der Lieferung vor, jedoch sind nur Plausibilitätsüberprüfungen hinsichtlich der Stückzahlen innerhalb der Produktionsschritte möglich. Um die verbliebene Unsicherheit zu eliminieren, wurden Zertifizierungssysteme für Forstpflanzen entwickelt, die mit genetischen Fingerabdrücken arbeiten. Bei der Ernte des Saatgutes werden Rückstellproben entnommen, anhand derer jederzeit überprüft werden kann, ob das vorliegende Pflanzgut tatsächlich aus dem im Lieferschein vermerkten Erntebestand stammt.

Für jede im FoVG gelistete Baumart gibt es in den Herkunftsgebieten eigene Erntebestände. Diese müssen eine Reihe an Kriterien erfüllen, um offiziell zugelassen zu werden. Sie müssen gesund sein, besonders schön in ihrem Wuchs, und die Waldfläche muss eine Mindestgröße erfüllen. Die Saatguternten, die regelmäßig überwacht werden, müssen beim Forstamt angemeldet werden. Mit der Zertifizierung von Pflanzen sichert sich der Waldbesitzer/Förster in Bezug auf die Pflanzenherkunft entsprechend ab.

Naturverjüngung

Bei der Naturverjüngung samen Bäume aus, sodass daraufhin auf dem Waldboden die neue Waldgeneration keimt. Was in der Theorie sehr einfach klingt, ist jedoch an viele Faktoren gebunden. Damit ein Baum fruchtbare Samen produzieren kann, muss er ein bestimmtes Alter erreichen, hier spricht man von **Mannbarkeit**. In den ersten Lebensjahren steckt der Baum seine Ressourcen vor allem in das Höhenwachstum. Die Produktion von Saatgut ist sehr energieaufwendig. Das heißt, ein Baum muss sich diese erst einmal leisten können. Bis die ersten Samen produziert werden, kann es daher je nach Baumart 30 bis 80 Jahre dauern. Die Weißtanne (*Abies alba*) beispielsweise gehört zu den sehr spät fruktifizierenden Baumarten. Werden die Bäume sehr alt, nimmt die Fähigkeit, fruchtbare Samen zu produzieren, wieder ab. Das heißt, man muss den richtigen Zeitpunkt abpassen, um in einem Bestand, der sich verjüngen soll, für ausreichend Licht zu sorgen.

Auch wenn ein Baum »mannbar« ist, trägt er nicht jedes Jahr gleich viele Früchte. Insbesondere Bäume, die sehr große, energiehaltige Samen produzieren, wie die Eiche (*Quercus* spec.), die Rotbuche (*Fagus sylvatica*), die Edelkastanie (*Castanea sativa*) oder auch die Rosskastanie (*Aesculus hippocastanum*), setzen immer wieder mehrere Jahre aus, um in anderen Jahren sehr viele Früchte tragen zu können. Dann spricht man von **Mast**. Tragen alle Bäume eines Bestandes gleichzeitig Früchte, spricht man von einer Vollmast, trägt die Hälfte der Bäume Früchte, nennt man dies eine Halbmast, und tragen nur einzelne Bäume Früchte, liegt eine Sprengmast vor. Das völlige Ausbleiben der Samenbildung nennt man Fehlmast. Insbesondere für die zuvor genannten Baumarten sind Mastjahre derart anstrengend, dass man sie an den Jahrringen erkennen kann. Der Baum hat in diesen Jahren fast alle Ressourcen in die Früchte gesteckt, das sonstige Wachstum wurde hintangestellt. Jahrringe in Mastjahren sind daher extrem dünn oder können sogar komplett fehlen. Fallen große Früchte von den oben genannten Arten auf den Waldboden und keimen auf, spricht man von **Aufschlag**, z.B. Eichenaufschlag oder Buchenaufschlag. Bei Bäumen, die kleine Sämereien produzieren, die vorwiegend mit dem Wind verteilt werden, spricht man von **Anflug**, z.B. Kiefern- oder Birkenanflug.

Haben die Samen den Boden erreicht, müssen nun die Bedingungen stimmen, damit sie keimen können. Je nach Baumart sind die Voraussetzungen zum Keimen unterschiedlich. Die Stieleiche (*Quercus robur*) beispielsweise ist ein Rohbodenkeimer und geht am besten auf, wenn der Boden aufgekratzt ist und keine Vergrasung oder zu viel Humus auf dem Boden ist. Damit das Saatkorn keimt, muss es feucht genug sein, und das so lange, bis die neu gebildete Wurzel Anschluss an den Boden findet und von dort selbst Wasser aufnehmen kann. Zuerst muss das Saatkorn quellen und dann durch die kritische Phase bis zum Bodenanschluss kommen. Am Beispiel einer zu dicken Moosschicht kann erklärt werden, wie die Keimung erschwert oder gar unterbunden werden kann. Die Wurzel muss mit der im Saatkorn vorhandenen Energie durch das Moos durchwachsen, bis sie in den Mineralboden wächst. Ist die Moosschicht zu üppig, reichen die Ressourcen aus dem Samen nicht aus, um Bodenanschluss zu bekommen, und die keimende Pflanze vertrocknet. Zusätzlich zur Feuchtigkeit müssen auch noch der pH-Wert und die Umgebungstemperatur stimmen. Je nach Pflanzenart sind eher saure oder alkalische Bedingungen notwendig, und die Keimtemperatur muss wärmer oder kühler sein. Manche Samen brauchen als Startschuss zum Keimen sogar Frost. Das bedeutet aber auch, dass nicht an jedem Standort jede Pflanze keimt. Sät man z.B. eine Wildackermischung an und schaut auf der Verpackungsrückseite, welche Arten jeweils in der Mischung vorhanden sind, und vergleicht das später mit dem, was de facto auf der Fläche wächst, kann es durchaus sein, dass einige Arten fehlen. Das muss nichts damit zu tun haben, dass das Saatgut schlecht ist oder nicht richtig keimfähig gemacht wurde (Stratifikation), sondern schlichtweg die Keimbedingungen nicht für alle enthaltenen Arten ideal waren. Hält man sich vor Augen, wie viele Faktoren passen müssen, damit ein Samen keimt und eine Pflanze zu wachsen beginnt, wird dieser häufig banal wirkende Vorgang plötzlich zu einer bemerkenswerten Leistung der Natur.

Keimbedingungen
→ Temperatur
→ Feuchtigkeit
→ pH-Wert
→ Bodenbewuchs

Arbeitet man in der Forstwirtschaft mit Naturverjüngung, ist man in Bezug auf die möglichen Baumarten auf die Baumarten der umliegenden Bestände eingeschränkt. Habe ich also große Fichtenbestände, samt sich in der Regel auch wieder Fichte an. Möchte ich jedoch in der nächsten Waldgeneration mit einer anderen Baumart weitermachen, muss ich in diesem Fall pflanzen. Erwähnt sei in diesem Zusammenhang, dass z.B. Tiere wie etwa der Eichelhäher Sämereien über weitere Strecken transportieren und dann irgendwo fallen lassen oder auch vergraben. Dabei keimen aber nur einzelne Bäume auf, die ja zudem an zufälligen Orten platziert sind. Für die Struktur ist das positiv, mit etwas Glück können solche Bäume übernommen werden, häufig jedoch passen der Wuchsplatz und auch das Alter des Baumes nicht mit dem Rest zusammen, sodass eine zielgerichtete Arbeit damit nicht möglich ist.

Naturverjüngung zahlt sich durch eine extrem hohe Anzahl an jungen Bäumen aus. So können mehrere Hunderttausend Jungpflanzen auf 1 ha stehen. Das hat den großen Vorteil, dass sich Konkurrenzvegetation nur sehr schwer ausbreiten kann. Für die Pflegeeingriffe bedeutet das allerdings einen höheren Arbeitsaufwand.

Für die Bäume auf der Fläche besteht der Vorteil bei der Naturverjüngung, dass die Pflanzen direkt an dem Ort aufwachsen, an dem sie auch verbleiben, somit keine Umstellung in Bezug auf den Standort stattfindet. Die Wurzel kann sich durchgehend entwickeln. Die Pflanzen sind direkt an die Bedingungen angepasst, die Wurzeln sind optimal mit den im umgebenden Boden vorkommenden Pilzen mykorrhiziert. Sind die umliegenden Bestände der gleichen Baumart in ihrer Vitalität und Qualität zufriedenstellend, kann man davon ausgehen, dass sich auch die Naturverjüngung ähnlich entwickeln wird. Sind die umliegenden Bestände aus forstwirtschaftlicher Sicht jedoch von schlechter Qualität, wird der daraus entstehende Folgebestand qualitativ auch wenig hochwertig sein.

Vor- und Nachteile Naturverjüngung

Vorteile

→ Hohe Anzahl an Baumindividuen
→ Keine Kultursicherung notwendig
→ Kostenfrei bis zum Pflegebeginn
→ Ungestörte Wurzelbildung mit ortsüblichen Mykorrhiza

↑ Damit der Samen aus Anflug oder Aufschlag, wie hier bei der Stieleiche, aufgeht, braucht es bestimmte Keimbedingungen wie z. B. die richtige Temperatur.

↓ Die Naturverjüngung zahlt sich durch eine extrem hohe Anzahl an jungen Bäumen aus. So können mehrere Hunderttausend Jungpflanzen auf 1 ha stehen.

Nachteile

-> Höherer Aufwand in der Pflege
-> Baumarten beschränkt auf vorhandene Altbäume
-> Zeitlich und räumlich häufig ungerichtet

Pflanzung und Saat

Neben der Naturverjüngung können Bäume auch künstlich durch den Menschen in den Wald eingebracht werden. Insbesondere im Zuge des Waldumbaus spielt die künstliche Verjüngung eine sehr große Rolle. Um an einem Waldort eine radikale Weichenstellung in Bezug auf die Baumartenzusammensetzung bewirken zu können, muss man aktiv neue Bäume setzen. Bei der künstlichen Waldbegründung gibt es zwei Möglichkeiten, nämlich Pflanzung und Saat.

PFLANZUNG

Bei der Pflanzung werden in der Forstwirtschaft junge, ein- bis vierjährige Bäume aus Kernwüchsen (wir erinnern uns, das sind Bäume, die aus einem Samen entstanden sind), mit unterschiedlichen Verfahren in den Boden eingebracht. Die Jungpflanzen können dabei aus dem umliegenden Wald in Form von sogenannten Wildlingen gewonnen werden oder, wie in den meisten Fällen, aus einer **Baumschule** stammen.

FORSTPFLANZENPRODUKTION

Wenn der Begriff »Baumschule« fällt, gehen häufig die Mundwinkel nach oben, und es werden Scherze über höhere Lehranstalten für Pflanzen gemacht. Aber nein, bei einer Baumschule handelt es sich nicht um eine Schule für Bäume, in der Lehrer Ast erklärt, wie Schüler Bäumchen ein guter Baum wird, sondern um einen landwirtschaftlichen Betrieb, der sich darauf spezialisiert hat, auf seinen Äckern anstelle von Feldfrüchten, wie Kartoffeln oder Weizen, Forstpflanzen anzubauen. Die Felder sind voll besetzt mit kleinen Bäumen, die aussehen wie Schüler in einer Klasse, die in Reih und Glied dem Unterricht lauschen, daher der Name »Baumschule«.

Die Anzucht junger Forstpflanzen ist sehr komplex. Sie beginnt beim **Saatgut** und geht dann über das **Verschulen** der Bäume bis zum Zeitpunkt des **Rodens** der Felder. Die Gewinnung von Forstpflanzensaatgut kann je nach Baumart sehr aufwendig werden. Der zur Ernte ausgewählte Waldbestand muss im Erntejahr eine große Menge Samen aufweisen (Mastjahr), die auch keimfähig sein müssen. Manchmal produziert ein Baum zwar Früchte, diese enthalten aber keinen lebenden Samen. Das heißt, es muss vor der Ernte überprüft werden, ob die Menge an Samen über eine ausreichende Keimfähigkeit verfügt. Im Fall der Weißtanne (*Abies alba*) bedeutet das, dass Baumkletterer testweise auf Tannen hochsteigen und ein paar Testzapfen pflücken. Diese werden dann der Länge nach aufgeschnitten, um zu sehen, wie viele Körner im Zapfen keimfähig sind. Das nennt man **Schnittprobe**. Ist das Ergebnis zufriedenstellend, startet die Ernte, und Zapfenpflücker steigen mithilfe von Seilklettertechnik auf jeden einzelnen Erntebaum und sammeln die Zapfen ab. In der Natur reifen nämlich die Samen der Weißtanne (*Abies alba*) in den Zapfen, solange sie sich noch auf dem Baum befinden. Sind die Samen bereit, zerfällt der Zapfen noch auf der Tanne, und die Samenkörner fallen samt Schuppen zu Boden und werden dabei vom Wind noch etwas verweht. Lediglich die dünne Mittelachse (Spindel) des Zapfens bleibt auf dem Baum stehen. Das bedeutet, dass man Tannenzapfen, im Gegensatz etwa zu Fichten- und Kiefernzapfen, niemals auf dem Boden finden wird und daher dort auch nicht aufsammeln kann. Deshalb muss man, kurz bevor die Zapfen zu zerfallen beginnen, jeden einzelnen vom Baum pflücken. Und die Bäume sind häufig bis zu 30 m hoch. Entscheidend ist der Zeitpunkt der Ernte. Erntet man zu früh, sind die Samen noch nicht reif genug, kommt man zu spät, zerfallen die

↑ Die vielen kleinen Bäume, die aussehen wie Schüler, die in Reih und Glied dem Unterricht lauschen, geben der Baumschule ihren Namen.

↑ Eine Schnittprobe, bei der die Zapfen der Länge nach aufgeschnitten werden, dient dazu, die Zahl der keimfähigen Körner zu überprüfen.

Zapfen bereits. Anders als bei Weißtannen (*Abies alba*) kann bei Eichen (*Quercus spec.*) oder Rotbuchen (*Fagus sylvatica*) z.B. mit Fangnetzen gearbeitet werden, beim Ahorn (*Acer spec.*) wird häufig ein Hubsteiger eingesetzt.

Sind die Sämereien geerntet, müssen sie für die Aussaat vorbereitet werden. Damit ein Saatkorn überhaupt keimwillig ist, braucht es häufig eine bestimmte Behandlung, man spricht hier von **Stratifikation**. Ich erläutere diesen Vorgang kurz anhand der Eibe (*Taxus baccata*). Eibensamen keimen nur, wenn sie den Verdauungstrakt eines Vogels passiert haben. In der Natur ist das einfach, die Samen liegen in schmackhaften roten Früchten »verpackt«, die Vögel gerne fressen. Möchte man Eiben (*Taxus baccata*) nun aber künstlich vermehren, muss man Abläufe entwickeln und Bedingungen schaffen, die das Saatgut ebenfalls vom Fruchtfleisch befreien und am Ende die Keimfähigkeit auslösen, um nach der

↓ Bei der Samenernte kann z.B. bei Eichen mit Fangnetzen gearbeitet werden. Bei der Weißtanne, wie hier dargestellt, kommen Baumkletterer zum Einsatz.

Ernte auch keimfähige Samen auf den Feldern ausbringen zu können. Meist geschieht dies durch die abwechselnde Behandlung mit Wärme und Kälte in unterschiedlicher Dauer (z.B. Gefriertruhe und Heißwasser). Jede Baumart muss hier jedoch anders behandelt werden. Eine falsche Stratifikation kann zur Folge haben, dass keine der Pflanzen keimt. Ebenso kann eine falsche oder zu lange Lagerung die Keimfähigkeit mindern oder sogar vollständig herabsetzen.

Wachsen die jungen Bäume auf dem Feld, wird ein Teil der Pflanzen als Sämlinge verkauft, der Rest wird **verschult**. Die Sämlinge werden dem Boden entnommen und mit einem etwas größeren Abstand wieder in den Boden gesetzt. Dies bewirkt eine kompaktere und intensivere Bewurzelung. Das ist wichtig, da nicht das Feld der Bestimmungsort des Baumes ist, sondern der Wald. Der höhere Feinwurzelanteil der verschulten Pflanzen hilft später am endgültigen Bestimmungsort im Wald beim Anwachsen. Hat der Baum schließlich sein Zielalter und eine gute Größe für die Pflanzung erreicht, werden die Felder »gerodet«, sprich, die Forstpflanzen werden dem Acker entnommen und gebündelt.

PFLANZVERFAHREN

Die Pflanzzeit liegt in der Forstwirtschaft außerhalb der Vegetationsperiode, beginnt also im Spätherbst und endet kurz vor dem Blattaustrieb im Frühling. Es wird nämlich in der Hauptsache mit wurzelnackten Pflanzen gearbeitet, d.h., der Baum wird ohne Erdballen gepflanzt. Topfpflanzen bzw. Containerpflanzen (Pflanzen mit Erdreich an der Wurzel) werden in der Forstwirtschaft seltener verwendet. In der Baumschule werden hierfür Bäume statt auf dem Feld in Kunststoffbehältern angezogen. Das ist deutlich aufwendiger. Ursprünglich waren Topf- und Containerpflanzen in der Forstwirtschaft für das Gebirge bestimmt, da sich hier die Pflanzzeit aufgrund der kürzeren Vegetationsperiode von jener im Flachland unterscheidet. Im Gebirge liegt sehr lange Schnee, was den Pflanzzeitpunkt im Frühling nach hinten verschiebt. Während in der Ebene die Pflanzen bereits ausgetrieben haben, schmilzt im Gebirge oft erst der Schnee. Das führt dazu, dass in den Forstbaumschulen aufgrund der milderen Bedingungen die Pflanzen bereits ausgetrieben haben und deshalb nicht mehr wurzelnackt verpflanzt werden können. Topf- und Containerpflanzen hingegen können, da sie mit ihrem ganzen Wurzelwerk samt Erde eingepflanzt werden, zu diesem Zeitpunkt noch gepflanzt werden. Das stellt sicher, dass die bereits fotosynthetisch aktive Laubmasse durchgehend mit Wasser versorgt werden kann. Zur kürzeren Vegetationsperiode kommt das meist unwegsame Gelände hinzu, wodurch eine längere Zwischenlagerung samt Bewässerung der Pflanzen erforderlich wird.

Verfahren, wie der Baum im Wald in den Boden kommt, gibt es viele. Es kann sowohl **händisch** mit einfachen Werkzeugen als auch **maschinell** mit einem Minibagger und einem Erdbohrer gepflanzt werden.

Vor der Pflanzung fallen für den Förster wichtige Arbeiten an. Ich gehe die zu bepflanzende Fläche genau ab, sehe mir an, wie die Fläche zugänglich ist und ob störender Schlagabraum (verbliebene Äste) auf der Fläche ist. Je nach Situation muss die Fläche zuerst für die Pflanzung vorbereitet werden (z.B. durch Entfernen von die Fläche versperrenden großen Ästen). Dann überlege ich mir, welche Baumarten auf die Fläche kommen. Dazu überprüfe ich den Standort und beurteile die Fläche auch in Bezug auf das Klima und die Lichtsituation. Stellen, an denen sich z.B. Kaltluft staut, machen die Pflanzung etwa der Weißtanne (*Abies alba*) schwierig, ist zu wenig Licht vorhanden, wird mir die Möglichkeit genommen, mit Lichtbaumarten zu arbeiten. Vor allem in den letzten Jahren ist zudem dieser wichtige Aspekt hinzugekommen: die Einschätzung der klimatischen Verhältnisse in der Zukunft. Standorte, die aktuell für die Fichte (*Picea abies*) noch gut geeignet sind, können dies in 50 Jahren unter Umständen nicht mehr sein. Auch Aspekte des Naturschutzes und der Ästhetik des Waldes lasse ich in meine Überlegungen einfließen. Habe ich mich schließlich für bestimmte Baumarten entschieden, muss ich mir überlegen, welches Pflanzensortiment ich auf die Fläche bringen möchte. Forstbäume sind in unterschiedlichen Höhen erhältlich. Auf Flächen, die z.B. zu starker Verunkrautung neigen, sind Großpflanzen von Vorteil, da sie den umliegenden Kräutern schneller entwachsen und somit der Pflegeaufwand geringer wird.

Neben dem Sortiment muss ich zudem den Pflanzverband festlegen, also das Raster, in dem die Bäume auf die Fläche kommen. Hierbei wird auch festgelegt, wie ich z.B. Mischbaumarten einbringe. Generell wird in Reihen gepflanzt, das stellt sicher, dass die Fläche gleichmäßig mit Bäumen besetzt wird und Mischbaumarten kontrolliert eingebracht werden können. Der **Pflanzabstand** wird definiert durch den Abstand zwischen den jeweiligen Reihen und den Abstand zwischen den einzelnen Pflanzen innerhalb einer Reihe. Aus dem Pflanzabstand kann ich den Platzbedarf pro Pflanze errechnen und weiß damit genau, wie viele Pflanzen ich für eine Fläche brauche und bei der Baumschule bestellen muss.

Um es zu veranschaulichen: Ich habe beispielsweise eine Fläche von 1500 m^2. Hier pflanze ich Stieleiche (*Quercus robur*) im Pflanzabstand 2 × 1,5 m, also 2 m Abstand zwischen den Reihen und 1,5 m Abstand innerhalb jeder Reihe. Daraus errechnet sich ein Flächenbedarf einer einzelnen Eiche von 3 m^2. Die Gesamtfläche geteilt durch den Platzbedarf von 3 m^2 pro Baum ergibt 500 Eichen. Die Stieleichen (*Quercus robur*) möchte ich jetzt aber mischen. Ich möchte, dass 20% der Fläche, das entspricht jedem fünften Baum, mit einer Winterlinde (*Tilia cordata*) bepflanzt wird. 20% von 500 Bäumen sind 100. Also bestelle ich 400 Stieleichen

↑ Der Flächenbedarf einer Pflanze errechnet sich durch den Abstand der Reihen und der einzelnen Pflanzen (hier 3 m^2).

(Quercus robur) und 100 Winterlinden (*Tilia cordata*), um den geplanten Pflanzverband von Stieleiche mit Winterlinde in der geplanten Größe 2×1,5 m, jede fünfte Pflanze ist eine Winterlinde, auf der Fläche umsetzen zu können. Das anfangs strikt lineare Pflanzmuster verliert sich optisch mit den Jahren. Nach den ersten Pflegeeingriffen erscheinen die Bäume auf der Fläche wie zufällig verteilt.

Neben dem Sortiment, der Pflanzenanzahl, der Zertifizierung und dem Pflanzverband muss ich nun noch festlegen, wie die Pflanzen in den Boden kommen sollen und ob bzw. wie sie geschützt werden müssen. Das Pflanzverfahren richtet sich in erster Linie nach der Wurzel der Pflanze, weiterhin nach der Größe der Pflanze, der Baumart und den standörtlichen Gegebenheiten. Gängige händische Werkzeuge zur Pflanzung sind z.B. der Hohlspaten, der Göttinger Fahrradlenker, die Rhodener Pflanzhaue oder auch die Buchenbühler Pflanzhaue. Mit den unterschiedlichen Werkzeugen kann man verschiedene Pflanzverfahren (Lochpflanzung oder Klemmpflanzung) durchführen.

Der **Hohlspaten** ist derzeit das am häufigsten eingesetzte Werkzeug in Süddeutschland. Mit ihm können verschiedene Verfahren durchgeführt werden. Möglich sind die einfache Klemmpflanzung bei eindimensionalem Wurzelwerk, z.B. Stieleiche (*Quercus robur*) 1/0 (also eine Eiche, die ein Jahr im Saatbeet war und nicht verschult wurde), die erweiterte Klemmpflanzung mit zweimaligem gegenüberliegendem Einstechen und Ausheben des Erdpfropfens, der dann nach dem Einsetzen der Pflanze wieder im Ganzen ins Pflanzloch zurückgegeben wird, sowie die echte Lochpflanzung, bei der der Erdpfropf zerkrümelt wird und die Pflanze in die anfallende lockere Erde gesetzt wird. Die Lochpflanzung ist für die Pflanzenentwicklung die beste Methode, aber auch die teuerste, da die Umsetzung aufwendig ist.

Neben dem Hohlspaten gibt es verschiedene Hauen zur Pflanzung. Bei diesen Werkzeugen handelt es sich allerdings um absolute Profigeräte, deren Einsatz eine gute Technik verlangt, die nur mit viel Übung erlernt werden kann. Die Wiedehopfhaue hat kleine Blätter, mit ihr sind weniger tiefe Pflanzöffnungen möglich. Mit einer Rhodener Haue kann man tiefere Pflanzöffnungen erzeugen, die Buchenbühler Haue ist nur für kleinste Pflanzen geeignet. Mit der Wiedehopfhaue und der Rhodener Haue lassen sich sowohl Loch- als auch Klemmpflanzungen durchführen.

Die **Wiedehopfhaue** kann bei kleinen Pflanzen mit eindimensionaler Wurzel zum Einsatz kommen. Dabei wird mit dem Beilblatt zuerst ein Schlitz in den Boden eingeschlagen. Danach wird der Beilschlitz mit einem zweiten Hieb, der mit dem Hauenblatt senkrecht im Anschluss an den ersten Hieb ausgeführt wird, von der oberen zur unteren Kante geöffnet. Es entsteht dadurch eine Öffnung, in die die Pflanze eingesetzt werden kann.

Beim **Rhodener Pflanzverfahren** schlägt man mit dem ersten Hieb die Haue in den Boden und zieht die Spitze zu sich heran. Der zweite Hieb erfolgt direkt nach dem ersten Hieb. Dieser lockert das Erdreich so, dass sich, zieht man die Haue nun zu sich heran, eine Öffnung im Boden bildet. In diese wird die Pflanze gesetzt, das mit der Haue zurückgehaltene Bodenmaterial wird danach an die Pflanze gegeben. Dieses Verfahren erleichtert die Arbeit vor allem bei steinigen Böden.
Aus Gründen der Ergonomie und leichteren Erlernbarkeit wurde der **Göttinger Fahrradlenker** entwickelt. Die Übungsschwelle bei den einzelnen Pflanzhaueverfahren bis zum vollständigen Beherrschen der Technik nimmt viel Zeit in Anspruch, zudem sind die Hiebe besonders für Rücken und Schultern belastend. Der Göttinger Fahrradlenker ermöglicht eine Pflanzung ähnlich der Rhodener

Pflanzhaue ohne den eher unergonomischen Hieb. Die Pflanzung mit dem Göttinger Fahrradlenker ist in einigen deutschen Bundesländern das Standardpflanzverfahren und gehört damit zusammen mit der Hohlspatenpflanzung zu den wichtigsten Techniken.

Die Pflanzung im **Buchenbühler Verfahren** ist für sehr kleine Laubbäume gedacht. Hierbei wird mit der Haue ein Spalt in den Boden geschlagen, der geöffnet wird, um die Pflanze dort einzusetzen.

Eine weitere Option händischer Pflanzung ermöglicht der **Neheimer Pflanzspaten**. Bei diesem Pflanzverfahren wird der Boden mit einem Spatenstich in den Boden zuerst gelockert, im An-

↑ Das Pflanzverfahren richtet sich in erster Linie nach der Wurzel der Pflanze, weiterhin nach ihrer Größe und Baumart, aber auch nach den standörtlichen Gegebenheiten.

↓ Mit dem Hohlspaten können unterschiedliche Pflanzverfahren, wie z.B. die Lochpflanzung, durchgeführt werden.

↓ Die maschinelle Baggerbohrpflanzung kommt dann zum Einsatz, wenn die Fläche stark verunkrautet ist - eine der besten Varianten für die Wurzelentwicklung.

schluss wird mit einem Spatenstich oberhalb des ersten Einstichs ein Loch geöffnet, in das der Baum gepflanzt wird.

Die **maschinelle Pflanzung mit dem Bagger** kommt dann zum Einsatz, wenn die Fläche stark verunkrautet ist. Die Baggerbohrpflanzung ist für die Wurzelentwicklung eine der besten Varianten. Das Verfahren besteht aus zwei wesentlichen Schritten. Im ersten Schritt zieht der Bagger mit einem Rechen den Boden ab, wodurch Reisig und Strauchwerk samt Wurzeln entfernt werden. Im zweiten Schritt wird das eigentliche Pflanzloch mit dem Bohrer angelegt. Die Pflanze wird in das vorbereitete Loch eingesetzt und anschließend mit Erde bedeckt. Da das Erdreich rund um die Pflanze einmal auf links gedreht wurde, braucht die Krautvegetation bedeutend länger, bis sie so üppig ist, dass die Pflanze ausgemäht werden muss.

SCHUTZ DER PFLANZUNG

Gerade kleinflächig eingebrachte, besondere Baumarten mit in der Regel hohen Beschaffungskosten fallen nicht nur uns, sondern auch dem Wild auf. Hier muss neben der Pflanzung auch an den Schutz gedacht werden, insbesondere wenn es um den Zaunbau oder Einzelschutz geht. Plant man den Bau eines Zauns, muss darauf geachtet werden, dass das verwendete Material und die Bauart auf die vorhandenen Wildarten abgestimmt sind. Verwendet wird standardmäßig verzinktes Knotengeflecht, das es in unterschiedlichen Stärken (Drahtdicken), Höhen, Quer- und Längsdrahtanzahl und mit variierender Maschengröße in Bodennähe gibt. Hat man Rotwild im Revier, muss der Zaun höher (2 m) und stabiler sein, als bei ausschließlichem Vorkommen von Rehwild (hier reicht eine Bauhöhe von 1,5 m). Zum Schutz vor Hasen gibt es Zaungeflechte, die bodennah eine engere Maschenweite haben. Zusätzlich kann es auch notwendig sein, den Zaun mit Heringen am Boden zu fixieren. Montiert wird der Zaun an Pfosten aus Holz oder Stahl (im Z-Profil). Gängig sind Ausführungen als **Pfostenzaun** oder **Scherenzaun**. Bei der Verwendung von Holz muss darauf geachtet werden, dass dauerhafte Hölzer wie z.B. Eiche (*Quercus spec.*) oder Robinie (*Robinia pseudoacacia*) verwendet werden, damit der Zaun seine Aufgabe auch über die gesamte Kulturphase zuverlässig erfüllen kann.

Bei einem Pfostenzaun werden alle Halteeinrichtungen des Zauns in den Boden eingeschlagen. Bei einem Scherenzaun folgen auf einen Pfosten zwei bis vier Scheren. Die Scheren werden lose auf den Boden aufgesetzt, in den Kopfdraht des Zauns eingehängt und halten das Zaungeflecht in Position, die eingeschlagenen Pfosten sorgen für die notwendige Stabilität. Ein Scherenzaun ist zwar nach Beschädigungen leichter zu reparieren, dafür aber auch weniger dauerhaft als ein Pfostenzaun.

Die einzelnen Pfosten werden mit einer Rammkatze in den Boden eingeschlagen. Als **Rammkatze** wird ein einseitig verschlossenes, rundes oder vierkantiges Rohr mit seitlichen Haltegriffen bezeichnet, das über den einzuschlagenden Pfosten gestülpt wird. Die Rammkatze wird entweder allein oder zu zweit angehoben und dann nach unten beschleunigt. Dieses Werkzeug erleichtert das Einschlagen von Pfosten im Vergleich zu anderen Werkzeugen (z.B. Vorschlaghammer) enorm. Aufgrund der Geländeverhältnisse im Wald sind fahrzeuggestützte Arbeitsverfahren wie beispielsweise bei Industriezäunen gebräuchlich, nicht umsetzbar. Ist der Boden sehr dicht oder kiesig, kann es sein, dass die Pfostenlöcher mit einem Erdbohrer vorgebohrt werden müssen. Der Abstand zwischen zwei Pfosten beträgt ca. 3,5 m. Die Ecken der Zäune müssen abgestrebt werden, ebenso gilt es, Eingänge für die Flächenkontrolle einzuplanen. In den meisten Fällen befinden sich die Eingänge an den Ecken, diese werden als Schwebetor ausgeführt. Dabei wird am

Geflechtende ein Pfosten angebracht, der dann mithilfe eines Drahtes oder einer Schnur am letzten eingeschlagenen Pfosten fixiert wird und bei Bedarf losgebunden und zur Seite gelegt werden kann. Früher waren zu diesem Zweck Überstiege aus Holz die Regel, diese stellen aber eine viel zu große Unfallgefahr dar (Abrutschen, Abbrechen). Um Wild aus der eingezäunten Fläche treiben zu können, sollten in mindestens zwei Ecken Öffnungsmöglichkeiten bestehen, da Wild nur in den seltensten Fällen Tore in geraden Zaunabschnitten annimmt. Tore im eigentlichen Sinne werden nur selten eingebaut. Nachdem das Geflecht an den Pfosten befestigt wurde, muss der Zaun gut gespannt werden.

Bei kleineren Pflanzungen steht der Aufwand eines Zauns zum Schutz der Pflanzen nicht im Verhältnis zum Nutzen, hier kann es praktikabler sein, einen

↑ Bei einem Scherenzaun folgen auf einen eingeschlagenen Pfosten zwei bis vier Scheren, die lose auf den Boden gesetzt werden und den Zaun in Position halten.

↓ Die Halteeinrichtungen des Pfostenzauns werden alle in den Boden geschlagen und können aus Holz oder wie hier aus Stahl bestehen.

↓ Durch das Z-Profil sind die Metallpfosten leicht und trotzdem stabil. Der Draht kann in den vorgegebenen Klemmen befestigt werden.

Wissenswertes

Bitte niemals nach der Pflanzung eines Baumes oder Strauchs die Erde fest andrücken! Dadurch verdichtet man den Boden, der insbesondere am Anfang für eine gute Durchwurzelung locker bleiben sollte.

Einzelschutz zu verwenden. Das können **Drahthosen** aus **Zaungeflecht, Kunststoffhüllen**, Netzgitterhüllen oder verschiedene **Holzprodukte** sein, die mit ein bis zwei Holzstäben an der Pflanze befestigt werden. **Wuchshüllen** erfüllen zwar den Zweck eines Einzelschutzes, sind aber nicht als solcher konzipiert. Wuchshüllen wirken wie kleine Gewächshäuser und sorgen über das durch sie geschaffene Kleinklima dafür, dass die Pflanzen schneller in die Höhe wachsen.

Für alle Schutzmaßnahmen gilt gemäß den Verordnungen des **Kreislaufwirtschaftsgesetzes**: Wenn die Funktion nicht mehr gegeben ist (defektes Material) oder keine Notwendigkeit mehr besteht (erwünschte Wuchshöhe der Bäume erreicht), gelten die Materialien als Müll und müssen vollständig aus dem Wald herausgebracht und fachgerecht entsorgt werden. Das gilt auch für Konstruktionen aus Holz. Verbliebene Reste wie beispielsweise verzinktes Zaungeflecht können Todesfallen für Wildtiere und Jagdhunde darstellen. Liegen gelassene Kunststoffmaterialien bewirken einen schädlichen Eintrag von Mikroplastik in die Natur.

Wissenswertes

Generell ist die Lochpflanzung der Klemmpflanzung vorzuziehen, da sie bessere Entwicklungsbedingungen für die Wurzel schafft.

Bei der Pflanzung lege ich den Grundstein für den Wald der Zukunft. Entscheidungen über waldbauliche Maßnahmen zur Waldverjüngung treffe ich daher niemals leichtfertig, sie sind immer das Ergebnis umfassender Planung. Die Entscheidungen, die ich heute treffe, beeinflussen auch noch kommende Generationen und sind deshalb mit einer großen Verantwortung verbunden. Aus diesem Grund ist die Waldverjüngung ein zentraler Punkt in der Forstwirtschaft, dem leider häufig zu wenig Aufmerksamkeit zuteil wird.

SAAT

Die zweite Möglichkeit der künstlichen Einbringung von Baumarten ist die **Waldsaat**. Dabei wird direkt im Wald an den zu verjüngenden Stellen Saatgut der Wunschbaumart eingebracht. Der große Vorteil dieser Methode ist eine wie bei der Naturverjüngung ungestörte Entwicklung der Pflanze samt ihrer Wurzel direkt am Zielort. Allerdings können die Verfahren aufwendig sein, und der Forstbetrieb trägt alle Risiken der Pflanzenanzucht auf der eigenen Fläche. Und damit erklärt sich auch der große Nachteil der Methode: die Vielzahl an möglichen Schadereignissen während der Keimungsphase (ausgelöst durch Pilze, Insekten, Hitze, Trockenheit, Nässe usw.), gegen die im Wald nichts unternommen werden kann. In der Forstbaumschule kommen Fungizide, Insektizide und Herbizide (mit chemischen oder biologischen Wirkstoffen) zum Einsatz, es wird schattiert und bewässert, je nach Bedarf, um ein Maximum an überlebenden Keimlingen zu gewährleisten. Neben den Risiken besteht ein weiterer Nachteil in dem großen Saatgutaufwand. Mit der gleichen Menge Saatgut kann über die Anzucht in der Baumschule und die spätere Pflanzung als Jungbaum deutlich mehr Fläche bewaldet werden als über die Waldsaat. Nehmen wir als Beispiel die Weißtanne (*Abies alba*), die eine beliebte Baumart bei der Waldsaat ist. 1 kg Weißtannensaatgut enthält etwa 23.000 Samenkörner, von denen etwa die Hälfte keimfähig ist. Also kann man aus 1 kg Weißtannensaatgut 11.500 Jungtannen ziehen, die bei einem späteren Pflanzverband von 2 × 2 m 4,6 ha Waldfläche entstehen lassen können. Werden bei der Plätzesaat pro Platz (Fläche von 7 × 7 m) 20 g Saatgut ausgebracht, kann man aus 1 kg Weißtannensaatgut über die Waldsaat nur 2,45 ha begründen.

Bevor gesät wird, müssen die Flächen in der Regel darauf vorbereitet werden. Dazu zählt auch das Entfernen des Schlagabraums. Die Saat erfolgt meist als Rillensaat oder Plätzesaat. Bei der **Rillensaat** werden kleine, lineare Furchen in den Boden gezogen, in die das Saatgut eingebracht wird. Bei der **Plätzesaat** verteilen sich kleine, in etwa 1 m² große Saatstellen in einem gleichmäßigen Raster über die gesamte Fläche. In beiden Fällen ist eine Art der Bodenbearbeitung erforderlich, das Saatgut kann nicht lose auf dem Waldboden verstreut werden. Prinzipiell lassen sich fast alle Baumarten ansäen, gängig ist die Waldsaat vor allem bei Eichen (*Quercus spec.*), Rotbuchen (*Fagus sylvatica*) oder Weißtannen (*Abies alba*). Auch die Schneesaat im Winter findet relativ häufig Anwendung, etwa bei der Birke (*Betula pendula*), und es kann darüber hinaus je nach Baumart und Wildsituation auch bei Ansaaten ein Zaunbau notwendig sein.

PFLEGE VON VERJÜNGUNG

Sind die Pflanzen im Boden oder präsentiert sich bereits eine üppige Naturverjüngung, heißt das im Umkehrschluss jedoch nicht, dass man sich jetzt bis zur ersten Holzernte gemütlich zurücklehnen kann. Im Gegenteil: Jetzt fällt erst der eigentliche Startschuss zur Arbeit.

Junge Pflanzen auf Pflanzflächen sind dem Konkurrenzdruck der umliegenden Krautvegetation ausgesetzt. Die Kräuter wachsen innerhalb kürzester Zeit über 1 m hoch und nehmen den jungen Bäumen Licht. Die Krautvegetation startet bereits mit dem Wachstum, bevor die Bäume frisch austreiben. Unternimmt man hier nichts, überwuchern die Kräuter die Bäume, und man muss die Fläche neu bepflanzen. Um das zu vermeiden, müssen alle Pflanzen idealerweise zweimal im Jahr ausgekesselt werden. Die Forstpflanzen haben danach einen

↑ Um das Überwuchern der jungen Waldbäume durch die schnell wachsende Krautvegetation zu vermeiden, müssen die Pflanzen mehrmals ausgekesselt werden.

kleinen krautfreien Raum, der ihnen wieder genügend Licht zum Wachsen gibt.

Das erste Mal wird Mitte Mai bis Anfang Juni ausgemäht, um ein uneingeschränktes Höhenwachstum zu ermöglichen. Viele Baumarten wachsen in der ersten Hälfte der Vegetationsperiode nach oben, und in der zweiten Hälfte erfolgen die Erweiterung des Feinwurzelwerks sowie das Dickenwachstum von Hauptwurzel und Stämmchen. Nochmals ausgemäht werden sollte im Zeitraum Ende August/Anfang September, damit das Gewicht der im Herbst zusammenbrechenden Kräuter die Pflanzen nicht zu Boden drückt. Sich auf die Kräuter legender Schnee würde den Effekt im Winter noch verstärken. Das bedeutet, bei oftmals brütender Hitze und starker Sonneneinstrahlung jeden einzelnen gepflanzten Baum abzulaufen und diesen z.B. mit einem Freischneider vorsichtig freizustellen. Das abgeschnittene Pflanzenmaterial bleibt auf der Fläche liegen und verrottet. Diese Prozedur muss jedes Jahr erfolgen, bis die Bäume so hoch sind, dass die umliegenden Pflanzen keine Chance mehr haben, sie zu überwuchern. In vielen Fällen heißt das drei bis vier Jahre intensive Pflege. Diesen Vorgang nennt man **Kultursicherung oder Kulturpflege/Jungwuchspflege**. Man sichert damit das Überleben und Weiterwachsen der Bäume. Je nach krautiger Konkurrenzvegetation müssen auch andere Arbeitsverfahren herangezogen werden. Sind z.B. Brombeeren auf der Fläche, sollten diese nicht geschnitten, sondern mit einem Brombeerrechen niedergedrückt werden. Schneidet man Brombeeren, regt dies die Pflanze zu einem verstärkten Wachstum an, und man erzielt somit genau den gegenteiligen Effekt.

Bei der Naturverjüngung entfällt die Kultursicherung, da sie in der Regel derart dicht aufläuft, dass keine Zwischenfelder bleiben, in denen Kräuter und Gräser wachsen könnten.

Jungbestandspflege und Läuterung

Ab einer gewissen Größe der eingebrachten oder natürlich verjüngten Forstpflanzen gilt die Kultur als gesichert und die ersten Pflegeeingriffe fallen an. Diese können entweder mittels einer positiven, der Jungbestandspflege, oder einer negativen Auslese, der Läuterung, erfolgen.

Sind die Pflanzen groß genug, gilt die Kultur als gesichert, und schließen sich die Kronen (Dickungsstadium), startet man mit der Jungbestandspflege. Damit beginnt die Förderung der qualitativ besseren Bäume, es findet also eine erste Auslese statt. Hierbei legt man den Fokus gezielt auf gut wachsende, gesunde Bäume, deren Konkurrenten anschließend entfernt werden. Dabei arbeitet man meistens mit einem Freischneider oder einer Heppe (Kulturhaue). Die entnommenen (abgeschnittenen) Bäume verbleiben auf der Fläche. Neben der Jungbestandspflege findet in diesem Stadium auch die Läuterung statt. Bei der Läuterung wird im Gegensatz zur Jungbestandspflege kein guter Baum gefördert (positive Auslese), sondern es werden Bäume, die zu vorwüchsig sind oder ungewünschte Wuchsformen aufweisen, entnommen (Negativauslese). Geht man die Fläche für die Pflege ab, bietet es sich an, dabei auch direkt Qualitätsschnitte durchzuführen. Sieht man, dass sich bei einem Baum ein Steilast oder ein Zwiesel bildet, kann man diesen einfach mit einer Handgartenschere abzwicken. Das funktioniert so lange, bis die Triebe etwa daumendick sind.

↑ Um später das erwünschte Holzprodukt zu erhalten, muss die Kultur im Jugendstadium regelmäßig gepflegt werden.

↓ Mit der Jungbestandspflege beginnt die Förderung der qualitativ besseren Bäume und man bereitet den Wald auf die ersten Durchforstungen vor.

↓ Die Konkurrenten werden meist mittels Freischneider oder einer sogenannten Heppe (hier abgebildet) entnommen und verbleiben auf der Fläche.

Der Baum wächst dann mit nur einer Stammachse gesund weiter. Wenn ich junge Flächen kontrolliere, habe ich daher immer eine Gartenschere dabei. In diesem Stadium kann ein kleiner Schnitt große Wirkung erzielen. Auch Zwieselbildung durch Wildverbiss kann auf diese Weise korrigiert werden.

Die Kultursicherung fällt bei der Naturverjüngung zwar weg, die Jungbestandspflege allerdings ist hier umso wichtiger. Da bei der Naturverjüngung deutlich mehr Baumindividuen auf der Fläche sind, müssen auch deutlich mehr entnommen werden. Allgemein gesprochen kann das Höhenwachstum der jungen Bäumchen wenig beeinflusst werden, eher stirbt ein Baum ab, als dass er beim Höhenzuwachs nachlässt. Sehr wohl steuerbar ist das Dickenwachstum der Stämmchen. Bei einer hohen Stammanzahl sind die Stammdurchmesser dünner, bei einer Reduktion der Stammanzahl durch Jugendpflege werden die Durchmesser deutlich stärker. Das Dickenwachstum verteilt sich nach einem Pflegeeingriff auf weniger Baumindividuen, womit nun der Einzelbaum mehr Ressourcen für das Wachstum zur Verfügung hat. Das heißt, dass in der stammzahlreichen Naturverjüngung die Jungbestandspflege unter Umständen häufiger bzw. in stärkerem Umfang erfolgen muss, um das Dickenwachstum und damit die Stabilität und Vitalität der Bäume zu fördern. Zusätzlich zur ersten Auslese ermöglicht dieser Pflegeeingriff das gezielte Fördern von Mischbaumarten, die sonst dem Konkurrenzdruck nicht standhalten würden (Mischungsregulierung).

Im Zuge der Jugendpflege ist es auch möglich, eine erste Strukturierung des Bestandes vorzunehmen. Man kann z.B. alle 15 m einen schmalen, linearen Pflegepfad anlegen. Jeder zweite dieser Pfade kann später zu einer Rückegasse aufgeschnitten werden. Das erleichtert beim Auszeichnen der ersten Durchforstung auch die Orientierung im Bestand.

Durchforstung und Endnutzung

Bevor die eigentliche Holzernte beginnen kann, muss der Hieb entsprechend vorbereitet werden. Danach kann motormanuell mit Forstarbeitern, maschinell mit dem Harvester oder kombiniert gearbeitet werden.

Waldbauliche Eingriffe beeinflussen den Lebensraum Wald und haben daher auch aus jagdlicher Sicht sowohl positive als auch negative Auswirkungen auf die verschiedenen Wildtierarten. Es öffnen sich Zeitfenster für eine effektive Bejagung, die Äsungsqualität kann sich verbessern oder verschlechtern, der Wald kann für Wildtiere attraktiver oder aber auch kurzfristig »unbewohnbar« werden. Eine stetige Veränderung des Lebensraums findet auch in unbewirtschafteten Urwäldern statt. Umgestürzte Bäume und herabgefallene Äste blockieren plötzlich Wildwechsel, neu entstandene Dickungen bieten Deckung, ein lichter werdendes Kronendach absterbender Bäume lässt neue Äsung entstehen.

Mit der Jungbestandspflege bereitet man einen Wald auf die ersten Durchforstungen vor. Versäumt man die Pflege, steht man im Stangenholz vor einem Problem. Derartige Flächen für die Durchforstung auszuzeichnen ist eine Tortur. Das sind die Momente, in denen, wenn ich nach der Arbeit zu Hause angekommen bin, 1 kg Nadeln und Zweige aus meiner Jacke herausrieseln. Von diversen Kratzern im Gesicht ganz abgesehen. Waldarbeitern, die in solche Flächen müssen, geht es genauso, zudem müssen sie obendrein auch noch ihre schwere Motorsäge durch den Bestand tragen. Auch für den Harvester ist es wichtig, dass für den späteren Ersteingriff genügend Platz zwischen den Bäumen eingeplant wurde. Das Harvesteraggregat muss zwischen den verbleibenden Bäumen hindurchmanövriert werden, um letztendlich zu jenem Baum zu gelangen, der entnommen werden soll. Dabei sollen keine Kratzer und Quetschungen am verbleibenden Bestand entstehen. Wurde die Pflege versäumt, kann ein maschineller Ersteingriff unter Umständen unmöglich werden, was dann die aufwendige händische Arbeit mit der Motorsäge notwendig macht. Da Durchforstungsbestände zum Zeitpunkt des Ersteingriffs bereits relativ hoch sind, ist es sehr mühsam, von Hand all die unterständigen und partiell abgestorbenen Bäumchen zu Boden zu bringen. So entstehen schnell doppelt so hohe Kosten im Vergleich zu einem frühzeitigen Eingriff als Jugendpflegemaßnahme.

Die erste Durchforstung ist der erste Eingriff, bei dem stofflich verwertbares Holz, also Derbholz ab 7 cm Durchmesser, anfällt. Bevor Waldarbeiter oder eine Forstmaschine ihre Arbeit im Wald beginnen können, muss ich den Hieb vorbereiten. Zur Hiebsvorbereitung zählen das Auszeichnen, also das Markieren aller Bäume, die entnommen werden sollen, die Anlage eines Gassensystems bzw. die Überprüfung einer bereits vorhandenen Feinerschließung und das Festlegen von Holzlagerplätzen für die Holzpolter.

Das Aufschneiden der Rückegassen und die Erstdurchforstung können zeitgleich erfolgen oder auch zweigeteilt, indem zuerst nur Gassen aufgehauen werden und die Erstdurchforstung der Fläche dann zu einem späteren Zeitpunkt erfolgt. Letzteres hat den Vorteil, dass wir Forstleute durch die bereits vorhandenen Rückegassen deutlich effektiver auszeichnen können.

↑ Ein prüfender Blick in die Krone verrät der Försterin, die beim Auszeichnen jeden Baum im Bestand genauestens begutachtet, ob der Baum gesund ist.

Beim Auszeichnen gehe ich jeden einzelnen Baum im Bestand ab und betrachte ihn genau. Jeden Baum beurteile ich nach der **Baumart**, seiner **Vitalität** (Gesundheit), **Qualität**, seiner Position im **Konkurrenzgefüge** und nach seiner **Stabilität** sowie hinsichtlich **naturschutzfachlicher Aspekte**.

Die Baumart ist vor allem im Kontext zu den umliegenden Bäumen wichtig. In der Durchforstung habe ich die Möglichkeit, die Mischung des Waldes zu lenken und Mischbaumarten, die Gefahr laufen, dem Konkurrenzdruck nicht standzuhalten, gezielt zu erhalten. Die Mischwuchsregulierung aus der Zeit der Jugendpflege wird somit in der Durchforstung fortgeführt. Im Forstbetrieb haben wir öfter den Fall, dass in Fichtenbeständen (*Picea abies*) einzelne Stieleichen (*Quercus robur*) enthalten sind. Diese sind für die Stabilität, Wuchskraft und Artenvielfalt des Waldes wichtig, und sie erweitern zudem das Baumartenportfolio. Ohne Hilfe hat die Eiche als ausgesprochene Lichtbaumart zwischen den schnell wachsenden Fichten kaum eine Chance. Deshalb behandele ich gut gewachsene, gesunde Eichen in diesen Fichtenbeständen bevorzugt. Wenn diese beigemischten Eichen einmal beginnen zu fruktifizieren, wird das Äsungsangebot für viele Tierarten deutlich verbessert.

In Bezug auf die Gesundheit des Baumes werfe ich natürlich auch einen prüfenden Blick auf seine Krone. Ein gesunder Baum hat eine sattgrüne Farbe und ist dicht belaubt oder benadelt. Zudem überprüfe ich, ob die Baumrinde verletzt ist und ob es eventuell Anzeichen auf Insekten- oder Pilzbefall gibt.

Beim Auszeichnen der Bäume, die entnommen werden sollen, wird mir wieder bewusst, was ich für eine große Verantwortung gegenüber des ganzen Waldbestandes habe.

BEATRICE JÄGER

Hinsichtlich der Qualität betrachte ich vor allem die Form des Baumstammes. Dieser sollte sich nicht teilen (Zwiesel), sondern eine durchgehende und gerade Achse bis zur Krone haben. Der Stamm sollte bis zum Kronenansatz feinastig sein und eine intakte Baumrinde aufweisen.

Geht es um das Konkurrenzgefüge, schaue ich mir auch die Baumkronen der umliegenden Bäume an. Raubt der Baum, den ich gerade betrachte, vielleicht anderen, gesünderen Bäumen Platz und Licht und damit die Lebensgrundlage? Ist mein Baum in der herrschenden Schicht, oder ist er konkurrenzschwach und wächst eher etwas abseits?

Die Stabilität wird sowohl in Bezug auf den Einzelbaum überprüft als auch im Kollektiv, also mit Blick auf den gesamten Bestand. Bei der Einzelbaumstabilität spielt das Verhältnis von Baumhöhe zu Durchmesser (**H/D-Verhältnis**) eine große Rolle. Teilt man die Baumhöhe durch den Durchmesser, erhält man den H/D-Wert. Ist dieser niedriger als 80, gilt der Einzelbaum als stabil, ist er höher, gilt er mit steigender Zahl als immer instabiler. Stellen wir uns als Beispiel eine Kiefer vor, die 30 m hoch ist und einen BHD von 40 cm hat, dann liegt in diesem Fall das H/D-Verhältnis bei 75 (30 m ÷ 0,40 m = 75) und gilt damit als stabil. Hätte die gleiche Kiefer einen BHD von 25 cm, wäre der H/D-Wert 120, was auf große Instabilität hinweisen würde.

Wichtig bei der Betrachtung der Baumkrone hinsichtlich Vitalität und Stabilität ist der **Bekronungsgrad**. Dieser zeigt an, welcher Anteil der Gesamthöhe des Baumes auf die Krone entfällt. Der

Bekronungsgrad errechnet sich anhand der Kronenlänge geteilt durch die Baumhöhe. Man erhält einen Wert zwischen 0 und 1, der mit 100 multipliziert das **Kronenprozent** ergibt. Eine Faustregel sind im Nadelholz bei Jungdurchforstungen 50%. Der Wert kann später absinken, sollte aber 30% niemals unterschreiten. Als Beispiel stellen wir uns vor, dass unsere 30 m hohe Kiefer eine Krone hat, die 12 m lang ist. Ihr Kronenprozent berechnet sich wie folgt: 12 m ÷ 30 m × 100 = 40%. Die höhere Stabilität der Bäume ergibt sich durch eine überproportional stärkere Durchwurzelung des Bodens bei einer einerseits größeren Krone und andererseits dickerem Holzkörper, der durch die exponentielle Steigerung mit zunehmendem Durchmesser viel mehr auszuhalten imstande ist. Beispielsweise hat bei gleicher Astlänge eine 19 m hohe Fichte mit 2 m auskragenden Ästen und einer Kronenlänge von 25% ca. 45% weniger Windlast auszuhalten als eine gleich hohe Fichte mit 50% Kronenprozent (bei der also die Hälfte der Baumhöhe eine grüne Krone ausmacht). Wird das Kollektiv der Bäume durch Eingriffe oder Schadereignisse gestört, sind kurzzeitig Einzelbaumkräfte gefragt. Dünne, schlecht bewurzelte Bäume sind anfälliger in Bezug auf Windwurf und Windbruch als dicke, gut bewurzelte Exemplare. Durch frühzeitige und regelmäßige Durchforstung lässt sich diese Situation vermeiden.

Die letzte, aber nicht minder wichtige Bewertungsebene ist naturschutzfachlicher Natur. Hat der Baum für den Naturschutz große Bedeutung, ist z.B. bereits abgestorben (stehendes Totholz) oder hat seltene Pilze und Baumhöhlen, wird der Baum gesondert behandelt und beispielsweise als Biotopbaum markiert und bewusst dauerhaft im Wald belassen. Für Insekten, Pilze und Vögel wird so eine wichtige Nahrungsquelle erhalten. Stehendes Totholz schafft zudem natürliche kleine Blößen, die Sichtmöglichkeiten für die Bejagung schaffen.

↑ Entspricht die Qualität eines Baumes nicht dem gewünschten Ziel und bedrängt er einen zukunftsträchtigen Nachbarn, wird er zur Entnahme ausgezeichnet.

Für die Auslese werden solche Bäume markiert, die in erster Linie andere Bäume bedrängen, die hinsichtlich Gesundheit, Qualität, Konkurrenz und Stabilität eine höhere Qualität aufweisen als sie selbst. Bedränger befinden sich innerhalb des Konkurrenzgefüges meist auf einer ähnlichen Stufe wie der auserwählte Zukunftsbaum, begegnen ihm also auf Augenhöhe und würden bei einem Verbleib im Bestand seine Wuchskraft und Gesundheit merklich beeinträchtigen. Die Konkurrenz um die Ressource Licht ist zwar die größte, im Zuge der Klimaerwärmung und der damit verbundenen Unsicherheit hinsichtlich der zu erwartenden durchschnittlichen Niederschlagsmengen spielt das Wasser aber ebenfalls eine immer größere Rolle. Je nach Standort ist also auch die aktive Betrachtung des Wasserhaushaltes für die Durchforstung wichtig. Ein lockeres Kronendach lässt mehr Regenwasser auf dem Waldboden ankommen als ein geschlossenes. Nach einer Durchforstung treten auf der gleichen Fläche weniger Bäume in Wasserkonkurrenz zueinander. Es muss dabei jedoch stets auf eine adäquate Lichtsituation geachtet werden, da aufkommende krautige Vegetation auf dem Waldboden ebenfalls in Wasserkonkurrenz zu den Bäumen tritt.

Die Entscheidung, bei der Durchforstung einen bestimmten Baum zu entnehmen, trifft man in der Regel nicht gegen diesen Baum, sondern für einen anderen. Das nennt man **positive Auslese**, man entnimmt gezielt Bäume, um für andere Bäume die Wuchsbedingungen zu verbessern. Die reine Negativauslese, also das Entnehmen aller Bäume, die in Qualität, Stabilität usw. unzureichend sind, wird heute nur noch selten praktiziert. Der Fokus liegt klar auf den zu fördernden Bäumen. Dabei wird in Form der **Hochdurchforstung** gearbeitet. Die zu fällenden Bäume sind somit in der herrschenden Schicht. Das Gegenteil dazu wäre die **Niederdurchforstung**. Bei einer Niederdurchforstung werden nur beherrschte und unterständige Bäume entnommen. Diese Praktik fördert gute Bäume nicht aktiv, da man hier nicht in das Konkurrenzgefüge eingreift. Niederdurchforstungen bewirken keinen positiven Effekt auf den verbleibenden Bestand.

Habe ich einen guten Baum gefunden, den ich unterstützen möchte, stellt sich mir die Frage, wie viel Raum ich ihm geben sollte. In der Regel werden ein bis zwei Bedränger pro Durchforstungsdurchgang und Auslesebaum gefällt. Bei jüngeren Beständen eher zwei, damit die Eingriffsstärke auch die entsprechende Wirkung für die kommenden Jahre hat. Fällt in jungen Beständen der Eingriff zu gering aus, verpufft der fördernde Effekt. In Altdurchforstungen wird meist nur noch ein Baum entnommen. Hier spielt zudem die Himmelsrichtung eine Rolle. Entnehme ich einen Baum im Süden, ist der Effekt deutlich größer, als wenn ein Bedränger im Norden entnommen wird. In Bezug auf die Häufigkeit und Stärke von Durchforstungen gilt: **früh, mäßig, oft**. Die erste Durchforstung sollte möglichst früh erfolgen, dies kann bei Laubholz ein Bestandesalter von bis zu 30 Jahren bedeuten, im Nadelholz kann die Erstdurchforstung bei günstigen Bedingungen bereits nach etwa 15 Jahren durchgeführt werden. Die Jugendphase ist der Zeitraum, in dem ich mit Durchforstungen den größten Effekt erziele. Mäßig bedeutet, dass nicht zu viele Bäume auf einmal entnommen werden, sondern stattdessen häufiger (hier kommt direkt das »oft« mit ins Spiel) durchforstet wird. In der Regel wird beim Nadelholz in den Jungdurchforstungen alle fünf Jahre eingegriffen, in den Altdurchforstungen alle zehn Jahre. Beim Laubholz können die Intervalle auch größer ausfallen. Gibt man Laubbäumen zu viel Licht, reagieren einige Arten durch das Bilden neuer Äste an den Stämmen (Wasserreiser oder Klebäste). Bei den Jungdurchforstungen liegt der Fokus noch auf der Auslese von Bäumen, die sich eignen, um langfristig gefördert zu werden, im Verlauf der Altdurchforstungen werden die ausgewählten Bäume endgültig festgelegt und in ihrem Gesundheitszustand und Wachstum weiterhin gefördert. In den ausgehenden Altdurchforstungen beziehe ich bei meinen Entscheidungen die Verjüngung schon mit ein. Ich beobachte, ob und wo bereits Naturverjüngung aufgeht und welche Baumarten beteiligt sind. In diesen Bereichen gebe ich dann gezielt mehr Licht. Aber nur so viel, dass die Verjüngung aufkommt, die konkurrierenden Kräuter die jungen Bäume aber nicht gefährden. Ziel ist es am Ende der Umtriebszeit, bei der anstehenden Endnutzung einen geschlossenen Teppich Naturverjüngung auf der Fläche zu haben, um direkt in die nächste Waldgeneration starten zu können. Bei der Endnutzung werden die letzten verbliebenen Altbäume gefällt, und die Fläche wird für die Verjüngung vollständig frei.

Formen der Holzernte

Sind die Vorbereitungen für den Hieb abgeschlossen, muss das Holz geerntet werden. Als Jäger hat man jetzt noch die Chance, eventuelle Wünsche hinsichtlich der Entnahme von Bäumen zur Verbesserung der jagdlichen Sichtmöglichkeiten zu äußern. Ist der Wald plötzlich voller bunter Striche, sollte man sich schnell noch Gedanken zu diesem Aspekt machen. Die meisten Waldbesitzer und Förster werden solchen Anregungen gegenüber aufgeschlossen sein, da sie helfen, die Jagd zu optimieren. Je nach Standort, Baumart und Dicke der Bäume gibt es unterschiedliche Verfahren, um das Holz zu ernten. Allen Holzerntemaßnahmen gehen eine gute Absicherung sämtlicher umliegenden Wege und ein Sicherheits-/Notfallkonzept voraus. Alle umliegenden Rettungspunkte müssen bekannt

↑ Sind alle Vorbereitungen für den Hieb abgeschlossen, kann mit der Holzernte begonnen werden.

Die vollmechanisierte Holzernte

Bei der vollmechanisierten Holzernte wird der gesamte forstliche Eingriff maschinell umgesetzt. Das heißt, ein Harvester fällt von den Rückegassen aus die Bäume.

Harvster

Ein Harvester ist eine Holzerntemaschine, die Fällung, Entastung, Ablängung und Vorlieferung an die Rückegasse in einem Zug vornimmt.

1 Allen Holzerntemaßnahmen geht eine gute Absicherung aller umliegenden Wege und ein Sicherheits-/Notfallkonzept voraus.

2 Der Harvester hat an einem Kran ein sogenanntes Harvesteraggregat montiert, das der Fahrer an einen markierten Baum manövriert, um in einem ersten Schritt mit einer hydraulisch betriebenen Kettensäge den Baum von der Wurzel zu trennen.

3 Ist der Baum zu Fall gebracht, bewegen Vorschubwalzen ihn durch die Entastungsmesser. Der Bordcomputer weiß genau, wie lang und dick der Baum ist, wodurch der Fahrer an den gewünschten Stellen den Trennschnitt vornehmen kann. Dieser Vorgang wird bestimmt durch die in den Kaufverträgen vereinbarten Sortimente und nennt sich Aushaltung.

4 Manchmal werden im Nachgang noch manuelle Trennschritte mit der Motorsäge vorgenommen.

5 Der Harvester legt das anfallende Kronenmaterial als Reisigmatratze für die bodenschonende Holzrückung aus.

Der Einsatz von Harvestern ist mit vielen Vorteilen verbunden. In Bezug auf die Arbeitssicherheit ist das die sicherste Holzerntemethode. Auf der Fläche befinden sich außer dem Fahrer keine weiteren Personen, somit ist der Gefahrenbereich (doppelte Baumlänge, 60 m) frei. Der Fahrer selbst ist in der Kabine aus speziellem Sicherheitsglas vor herabfallenden Ästen und anderen Gefahren geschützt.

1

4

2

5

3

sein, und es muss dafür gesorgt werden, dass die Rettungswege frei sind und das Hiebsgelände für Waldbesucher abgesperrt ist.

VOLLMECHANISIERTE HOLZERNTE

Bei der vollmechanisierten Holzernte wird der gesamte forstliche Eingriff maschinell umgesetzt. Das heißt, dass ein **Harvester** von den Rückegassen aus die Bäume fällt. Ein Harvester ist ein Holzvollernter, der die Schritte Fällung, Entastung, Ablängen und Vorlieferung an die Rückegasse in einem Zug vornimmt. Kernelement eines Harvesters ist das an einem Kranarm angebrachte Harvesteraggregat. Der Fahrer manövriert dieses Aggregat an einen markierten Baum, Entastungsmesser, die gleichzeitig als Greifer fungieren, schließen sich um den Baum, und eine hydraulisch angetriebene Kettensäge trennt den Baum schließlich von der Wurzel. Ist der Baum zu Fall gebracht, bewegen Vorschubwalzen ihn durch die Entastungsmesser hindurch. Der Bordcomputer errechnet mithilfe des im Aggregat integrierten Messrades genau, wie lang und wie dick der Baum ist, was den Harvesterfahrer in die Lage versetzt, den Trennschnitt exakt an den gewünschten Stellen vornehmen zu können. Dieser Vorgang wird bestimmt durch die im Vorfeld in den diversen Holzkaufverträgen vereinbarten Sortimente und nennt sich fachsprachlich Aushaltung (also das Zuordnen gefällter Stämme bzw. von Stammabschnitten zu bestimmten Sortimenten, um beim Holzverkauf einen möglichst hohen Erlös zu erzielen).

Der **Prozessor** unterscheidet sich fachlich betrachtet vom Harvester, dennoch wird der Begriff umgangssprachlich oftmals synonym für Harvester verwendet. Ein Prozessor führt im Gegensatz zum Harvester keine Fällschnitte durch, sondern nimmt ausschließlich die Aufarbeitung von Bäumen vor (Entasten und Ablängen). Daher werden Prozessoren häufig auch als Aufarbeitungsmaschinen be-

↑ **Das an einem Kranarm angebrachte Harvesteraggregat fällt den Baum und entastet ihn im Anschluss automatisch.**

zeichnet. Neben dem Harvester gibt es noch weitere Holzerntemaschinen, die sich in Deutschland bislang allerdings nicht flächendeckend durchgesetzt haben. Zu solchen Maschinen gehört z.B. der **Fäller-Bündler.** Im Unterschied zu einem Harvester haben diese Aggregate keine Kettensäge und meistens auch keine Vorschubwalzen, sondern ein Kreissägeblatt oder Messer zum Fällen sowie Zangen, um abgesägte bzw. abgezwickte Bäume festzuhalten. Fäller-Bündler arbeiten in der Regel die Bäume nicht auf (Ausnahmen sind jedoch möglich), sondern fällen und sammeln sie in ihrem Aggregat. Die Bäume werden anschließend gebündelt abgelegt. Die Aufarbeitung muss dann in einem zweiten Arbeitsschritt erfolgen. Fäller-Bündler haben eine gute Leistung bei relativ dünnen Bäumen, da sie durch die Bündelfunktion zügig arbeiten können und auch durch die fehlenden Vorschubwalzen im Durchmesser nicht so stark limitiert sind. Sind Bäume sehr dünn, schafft ein Harvesteraggregat es nicht, den Stamm vollkommen zu umschließen, die Stämme fallen durch das Aggregat hindurch und können, da die Vorschubwalzen keine Haftung haben, weder entastet noch abgelängt werden. Ein Fäller-Bündler schafft es problemlos, dünne Bäume in der Zange zu halten und abzustocken. Zusätzlich bietet der Fäller-Bündler gegenüber dem Harvester in Erstdurchforstungen den Vorteil, dass mit weniger Kranmanipulation mehr Bäume gefällt werden können. Ein Harvester muss, nachdem er einen Baum abgeschnitten hat, diesen direkt vor Ort ablängen, entasten und ablegen, bevor er zum nächsten Baum manövriert. Der Fäller-Bündler fährt seinen Kran aus und kann ohne Unterbrechung (Stämme ablegen und den Kran neu positionieren) mehrere Bäume nacheinander fällen. Das bedeutet nach dem **Stück-Masse-Gesetz** (dieses besagt, dass beim gleichen Arbeitsobjekt unter identischen Arbeitsbedingungen bei steigendem Volumen des Arbeitsobjekts der Arbeitsaufwand pro erzeugter Volumeneinheit abnimmt) sehr viel Arbeit für

↑ Zur Schonung des Bodens bei der Holzrückung legt der Harvesterfahrer eine Reisigmatte an, indem er das anfallende Kronenmaterial vor sich ausbreitet.

am Ende relativ wenig Holz. Bei der Fällung von dickeren Bäumen ist entsprechend der Holzertrag bei gleichem Arbeitsaufwand pro Baum deutlich höher.

Der Einsatz von Harvestern ist mit vielen Vorteilen verbunden. Diese Form der Holzernte ist in Bezug auf die Arbeitssicherheit nicht zu überbieten. Auf der Fläche befinden sich außer dem Fahrer keine weiteren Personen, somit ist der Gefahrenbereich (doppelte Baumlänge, d.h. 60 m) frei. Der Fahrer selbst ist in der Kabine aus speziellem Sicherheitsglas vor herabfallenden Ästen und anderen Gefahren geschützt. Da der Beruf des Forstwirtes zu den Berufen mit den höchsten Unfallzahlen in Deutschland zählt, ist dies ein sehr wichtiger Aspekt. Zudem ist diese Arbeitsweise sehr effizient. Die Eingriffe können in kurzer Zeit realisiert werden, was insbesondere bei der Aufarbeitung von Schäden durch Windwürfe oder Käferkalamitäten ein großer Vorteil ist. Zusätzlich kann bei der Arbeit mit dem Harvester auf der Rückegasse eine **Reisigmatte** angelegt werden, die auch später für die Holzrückung eine bodenschonendere Arbeit ermöglicht. Dazu legt der Harvesterfahrer das anfallende Kronenmaterial in Fahrtrichtung vor sich auf die Rückegasse. In jagdlicher Hinsicht können Reisigmatten ab einer gewissen Dicke jedoch dazu führen, dass Wildwechsel nicht mehr angenommen werden und das Wild sich neue Routen sucht.

Die Grenzen der maschinellen Holzernte richten sich nach dem Standort und der Dimension der Bäume. Wird das Gelände sehr steil oder ist es sumpfig, ist eine maschinelle Holzernte nicht mehr möglich. Ebenso bei sehr großen Stammdurchmessern: Hier reicht die Aggregatgröße irgendwann nicht mehr aus, um die Bäume zu verarbeiten.

Grundvoraussetzung für die maschinelle Holzernte ist ein vollständiges Rückegassensystem, das auf die Maschinengröße und die Kranreichweite abgestimmt ist.

Für das Wild hat die vollmechanisierte Holzernte den Vorteil, dass die Flächen, bis auf die Rückegassen, auch nach der Holzernte gut passierbar sind und nur wenige Äste und Kronenteile auf dem Boden liegen (im Übrigen auch ein Indiz für eine gute

↓ Bei der teilmechanisierten Holzernte wird die maschinelle mit der motormanuellen gemischt, d.h. es sind Harvester und Forstarbeiter beteiligt.

↓ Die motormanuelle Holzernte wird von mindestens zwei Forstwirten pro Fläche mithilfe von händisch betriebenen Motorsägen durchgeführt.

Arbeitsqualität). Auf zu verjüngenden Flächen können aber auch bewusst insbesondere Laubholzkronenteile so ausgelegt werden, dass diese ein Begehen der Fläche stark erschweren, was zur Folge hat, dass sich in diesen Bereichen Verjüngung entwickeln kann. Die Kronenteile brechen dann im weiteren Verlauf zusammen und verrotten, eine sehr effektive und natürliche Methode des Verbissschutzes. Allerdings bewirkt dies in der Regel eine ganz eigene Optik, der Wald sieht in seiner Natürlichkeit ziemlich »unaufgeräumt« aus.

TEILMECHANISIERTE HOLZERNTE

Die maschinelle Holzernte lässt sich auch mit der motormanuellen mischen, man spricht dann von einer teilmechanisierten Holzernte. Hier werden Arbeitsschritte sowohl von einer Maschine als auch von Forstwirten mithilfe von Motorsägen durchgeführt, dadurch erhöht sich die Arbeitsqualität. Bei der motormanuellen Holzernte kann man präziser arbeiten, was die Hiebsordnung betrifft, dadurch minimieren sich Streifschäden und Schäden an der Verjüngung. Kombinierte Verfahren kommen auch in Spezialsituationen zum Einsatz, wie etwa beim Vorhandensein von Stromleitungen oder bei Geländeformen mit wechselnder Topografie und Blocküberlagerung (Felsen). Ist der Abstand zwischen den Rückegassen so weit, dass der Harvester, begrenzt durch seine Kranreichweite, im Bereich der Rückegassenscheide (gedachte Linie exakt zwischen zwei Gassen) nicht alle Bäume erreicht, kann motormanuell dem Harvester zugefällt werden. Waldarbeiter fällen dabei im Zwischenfeld die Bäume in einer Hiebsordnung, die den Rückegassen zugewandt ist, sodass der Harvester die gefällten Bäume erreichen und aufarbeiten kann. Besonders wichtig bei diesem Verfahren ist es, die Arbeit der Waldarbeiter mit der des Harvesters gut abzustimmen, um Sicherheitsrisiken zu minimieren und Verstöße gegen die Unfallverhütungsvorschriften zu vermeiden.

↑ **Fest installierte Rettungspunkte ermöglichen im Notfall eine schnelle und zielgerichtete Anfahrt von Rettungskräften.**

Die Lebensraumveränderungen, von denen auch unser Wild betroffen ist, sind bei kombinierten Verfahren vergleichbar mit denen rein maschinell bearbeiteter Flächen.

MOTORMANUELLE HOLZERNTE

Bei der motormanuellen Holzernte wird mit händisch geführten Motorkleingeräten gearbeitet. Hier befinden sich zur Zeit der Holzernte immer mindestens zwei Forstwirte auf der Fläche, die die Bäume mit einer Motorsäge fällen und entasten. Diese Art der Holzernte kann bei starkem Holz in Bezug auf die Massenleistung durchaus mit einem Harvester mithalten. Diese Form der Holzernte ist die flexibelste von allen. In jedem Gelände kann so jede Baumdimension gemeistert werden. Jedoch erfordern insbesondere schwierige Situationen wie z.B.

Holzernteverfahren

Die Wahl des Holzernteverfahrens hängt in erster Linie vom Einsatzbereich ab.

Holzernteverfahren	Einsatzbereich	Vorteile	Nachteile
Vollmechanisiert	Flachland, Hanglagen mit geringer Steigung	• effizient • sicher • auch bei schwachen Bäumen wirtschaftlich	• gute Erschließung notwendig • Einschränkungen bezüglich Gelände und Bedingungen
Teilmechanisiert	Flachland, Hanglagen mit größerer Steigung, schwierige Bodenverhältnisse	• Sondersituationen • pfleglicher • flexibler	• gute Planung und Kommunikation notwendig
Motormanuell	nahezu uneingeschränkt	• sehr pfleglich • sehr flexibel • keine Standortbeschränkung	• gefährlich • bei kleinen Stammdurchmessern nicht wirtschaftlich

überstarkes Laubholz mit hohen Totholzanteilen im Kronenraum sehr viel Erfahrung und Fachkompetenz. Der kleinste Fehler kann mitunter tödliche Folgen haben. Da die Arbeitssicherheit oberste Priorität hat, müssen Sicherheitsfälltechniken verwendet und Rettungswege markiert werden. Auch sämtliche Ausrüstung zur Lösung auftretender Probleme muss vorhanden sein oder aber zeitnah herbeigeschafft werden können (z.B. eine am Traktor montierte Forstseilwinde). Dies gilt auch für den Einsatz von Motorsäge und Freischneider (Motorsense) bei Revierarbeiten. Jeder Jagdausübungsberechtigte und jeder Begehungsscheininhaber sollte genaue Kenntnis aller im Revier vorhandenen Rettungspunkte haben. Die fest installierten Rettungspunkte ermöglichen im Notfall eine zielgerichtete und schnelle Anfahrt von Rettungskräften. Die Rettungs-App »Hilfe im Wald« leistet hier gute Dienste und sollte auf keinem Handy fehlen.

Vorgehensweisen bei Endnutzungen

Vornutzung bedeutet in der Forstwirtschaft die Ernte von Holz im Rahmen der Durchforstung, bevor der Bestand als hiebsreif gilt. Vornutzung erzielt keine Verjüngungsmaßnahmen. Davon abzugrenzen ist die Endnutzung. Das ist die Entnahme der letzten Bäume auf der Fläche, hier werden die Bäume geerntet, die man zuvor mit allen Eingriffen gefördert hat. Die Endnutzung steht zudem auch immer im Sinne der Verjüngung. Nach ihr beginnt eine neue Waldgeneration. Wie man die Endnutzung durchführt, hängt von unterschiedlichen Faktoren ab: von bereits vorhandener Verjüngung, von der Exposition des Waldes in Bezug auf Wind und Sonne, dem Standort und der vorhandenen oder sich als Reaktion auf die Endnutzung gegebenenfalls einstellenden Konkurrenzvegetation und nicht zuletzt von den unterschiedlichen Baumarten, die in der Verjüngung vorkommen.

SAUMSCHLAG

Vor allem an Waldrändern und windexponierten Orten ist der Saumschlag ein häufiges Verfahren. Dabei wird auf der windabgewandten Seite (bei Westwind also von Osten beginnend) angesetzt, um das Altholz streifenweise zu ernten. Man entnimmt so viel Altholz, wie Verjüngung am Waldboden aufkommt. An der jeweils entstehenden Hiebsgrenze fällt Licht unter das noch bestehende Altholz, und die Verjüngung zieht sich weiter in den Bestand. Durch dieses Vorgehen erhalte ich im nachfolgenden Bestand eine stabile Aufgleitfront für den Wind. Bei der Vollendung des Saumschlags sind an der Seite der Hauptwindrichtung die jüngsten und somit niedrigsten Bäume, an der windabgewandten die ältesten und höchsten.

Für das Wild ist das eine gute Vorgehensweise, da so jederzeit Strukturen mit reichhaltiger Äsung vorhanden sind. Allerdings bedarf es je nach Wilddichte einer mehr oder weniger intensiven Schwerpunktbejagung in dem Bereich, in dem sich die Naturverjüngung einstellen soll. Ist diese ausgeblieben und es wird gepflanzt, gilt hier ebenfalls das Motto der Schwerpunktbejagung. Auf den gut nährstoffversorgten Saumstreifen (die Verrottung des Rohhumus kommt in Gang) entwachsen junge Bäumchen rasch dem Äser, und der Saumstreifen steht dann uneingeschränkt zur Nahrungsaufnahme von Kräutern zur Verfügung. Imker nutzen die Streifen gerne zur Gewinnung von reinem Waldhimbeerhonig.

FLÄCHENRÄUMUNG

Die Begriffe »Flächenräumung« und »Kahlhieb« oder »Kahlschlag« werden synonym verwendet, wobei in der forstwirtschaftlichen Praxis eher von Flächenräumung gesprochen wird, da dieser Begriff den in Deutschland üblichen kleinen Eingriffsgrößen gerechter wird. Der Kahlhieb wird in diesem Kontext als sehr große, flächige Räumung gesehen. Bei der flächigen Räumung wird das gesamte hiebsreife Altholz eines Bestandes auf einmal geerntet. Möchte man in diesem Bestand mit Naturverjüngung weiterarbeiten, erfolgt die Räumung, wenn die Fläche mehr oder weniger vollständig mit Verjüngung bedeckt ist. Vorhandene Lücken müssen bepflanzt werden.

↑ **Beim Saumschlag wird auf der windabgewandten Seite angesetzt und das Holz streifenweise geerntet.**

Möchte man z.B. im Zuge des Waldumbaus eine andere Baumart durch Pflanzung einbringen, ist die Fläche kurzzeitig unbestockt (Kahlfläche). Echte, großflächige Kahlschläge, wie sie z.B. in Skandinavien oder Kanada praktiziert werden, sind in Deutschland gesetzlich verboten. Ein Kahlschlag definiert sich durch seinen entstehenden klimatischen Freiflächencharakter und die Flächengröße. Als Untergrenze für einen genehmigungspflichtigen Kahlschlag gilt die Fläche von etwa 1 ha. Nutzung durch Kahlhieb auf einer Fläche von mehr als 1 ha ist verboten und kann nur im Einzelfall nach Bewertung der Situation durch einen Forstbeamten genehmigt werden, ansonsten greift unter anderem die Verordnung (EU) Nr. 995/2010 des Europäischen Parlaments und des Rates, deren Anwendung zu einer ersatzlosen Beschlagnahmung des Holzes führt. Es gibt Notsituationen wie z.B. die Beseitigung von Baumkrankheiten oder Windwürfen, die Ausnahmen beim Kahlschlagverbot notwendig machen. In der forstlichen Praxis sind Kahlschläge allerdings nicht üblich und auch nicht erstrebenswert. Die Bestandesgröße ist meist im Altholz bereits deutlich kleiner als 1 ha. Zudem macht das auf einer Kahlfläche entstehende Freiflächenklima das Aufwachsen von gepflanzten Bäumen deutlich schwieriger. Auf Kahlflächen herrschen große Temperaturunterschiede, im Sommer kann es tagsüber extrem heiß und trocken werden, im Winter und ausgehenden Frühling hält sich hier sehr gerne Frost. In der Regel spielen sich flächige Räumungen in Größenordnungen von bis zu ½ ha (5000 m^2) ab. Flächen dieser Größe bieten die Möglichkeit, auch Lichtbaumarten wie Stieleiche (*Quercus robur*) oder Waldkiefer (*Pinus sylvestris*) zu pflanzen, und auch der Pflege- und Kontrollaufwand bleibt überschaubar.

Häufig ist bei kleinparzellierten Besitzverhältnissen eine Nutzung durch Kahlhieb nicht möglich, da das Waldgesetz alle Formen der Holznutzung, die zu einer Benachteiligung der benachbarten Flächen führen, verbietet. Meist geht es dabei darum, dass zu nutzende Bestände auch eine Funktion als Windschutz für den Nachbarn haben. Eine flächige Nutzung dieser Bestände würde also zu einem untragbaren Sturmschadensrisiko im verbleibenden nachbarlichen Wald führen. Auch in jagdlicher Hin-

↑ **Bei der Flächenräumung wird das gesamte Altholz eines Bestandes auf einmal geerntet.**

↑ Werden konzentriert auf kleiner Fläche Lücken in den Bestand geschlagen, spricht man von Femelschlag.

sicht sind Kahlhiebsflächen nicht ideal, zwar liefert die aufkeimende, üppige Krautvegetation Einstand und Deckung sowie reichlich Äsung, aber man kann bereits nach ein bis zwei Jahren auf diesen Flächen nicht mehr jagen und somit auch keine Schwerpunkte zum Schutz aufkommender Verjüngung setzen.

FEMELSCHLAG

Beim Femelschlag werden konzentriert auf kleiner Fläche Lücken in den Bestand geschlagen. Diese kleineren lichten Bereiche ermöglichen es, dass dort Verjüngung aufkommen kann. Im Zuge des Wachstums der Verjüngung werden die Lücken nach und nach erweitert (Rändelungshieb), bis die gesamte Fläche verjüngt ist. Dieses Vorgehen erzeugt strukturreiche Waldbilder, da die Pflanzen im Kern der Femelschläge älter sind als die auf den entstehenden Rändern. Der Femelschlag ist eine Methode zur Verjüngung von Schatt- und Halbschattbaumarten. An seine Grenzen kommt dieses Vorgehen bei Standorten, die stark zur Verunkrautung beispielsweise mit Brombeere neigen. Hier kann es passieren, dass man ein Femelloch, also eine kleine Freifläche, schlägt und sich auf der Lichtfläche anstelle der gewünschten Baumverjüngung die Brombeere etabliert.

Bei einem Femelschlag hat man sowohl Altholz als auch lichtdurchflutete Bereiche mit Verjüngung (und Kräutern zur Äsung) auf einer Fläche. Das bietet dem Schalenwild gute Lebensbedingungen und schafft zusätzlich eine Möglichkeit zur Bejagung, da die Flächen partiell gut einsehbar sind.

SCHIRMSCHLAG

Diese Methode erlaubt es auch Lichtbaumarten, sich flächig zu verjüngen. Beim Schirmschlag wird der geschlossene Altholzschirm je nach Ausgangssituation durch eine einzelbaumweise Entnahme zunächst leicht gelockert. Im weiteren Verlauf wird nach einer Vollmast ein Besamungshieb durchgeführt, bei dem bis zu 40% der Altbäume entnommen werden, damit die Verjüngung genug Licht zum Auflaufen (Keimen) hat. Der nächste Hieb richtet sich ganz nach dem Entwicklungsstand der Verjüngung. Ist diese einigermaßen deckend und gesichert, wird ein Großteil des verbliebenen Altholzes entnommen. In der Regel bleiben nach diesem Eingriff nur noch einzelne Bäume auf der Fläche, die in einem Räumungshieb (hier werden die letzten vorhandenen Altbäume geerntet, sodass nur mehr die Verjüngung vorhanden ist) zu einem letzten, späteren Zeitpunkt gefällt werden. Bis die komplette Fläche verjüngt ist, vergehen mitunter meh-

↑ Der Altholzschirm wird beim Schirmschlag zunächst gelockert, so dass die Verjüngung nachkommen kann.

rere Jahrzehnte. Der zwischenzeitlich auf der Fläche verbleibende Altholzschirm hat eine Schutzwirkung auf die Jungpflanzen. Allerdings hat sich im Zuge der klimawandelbedingt wärmeren Temperaturen und geringeren Niederschläge hier ein Problem eröffnet. Die Sonne heizt die Verjüngungsfläche auf, es bildet sich eine Warmluftschicht über der Verjüngung, die vom Kronendach des Schirms gestaut werden kann. Je nach Standort sollte dieser Effekt bei der Wahl des Verfahrens entsprechend berücksichtigt werden.

Bei einem Schirmschlag erhält man eine lichtdurchflutete Fläche, die jedoch bis zur Sicherung der Verjüngung nie gänzlich geräumt ist. Für das Wild sind solche Flächen vor allem als Äsungsbereiche sehr attraktiv. In Kombination mit einer nahezu lückenlosen Sicht schafft dies gute Bedingungen für die Bejagung.

EINZELBAUMWEISE ENTNAHME

Die einzelbaumweise Entnahme ist das Standardverfahren im Plenterwald. Sie ist auch im Dauer-

↑ Eine weitere mögliche Vorgehensweise bei der Endnutzung ist die einzelbaumweise Entnahme.

wald praktikabel, wobei die Eingriffsstärke je nach Struktur variiert. Der Begriff »einzelbaumweise« erstreckt sich auch auf die Entnahme von einigen wenigen Bäumen (ein herrschender, ein bis zwei direkte Nachbarn) bei anderen Bewirtschaftungsformen. Die Entnahme von Nachbarbäumen steigert unmittelbar die Effizienz (zwei Baumindividuen in einem Arbeitsgang) und meist auch die Arbeitsqualität, weil es durch den entstehenden Platz einfacher ist, Bäume mit möglichst wenig Schaden am verbleibenden Bestand zu Fall zu bringen. Insbesondere Wertholz für Holzversteigerungen (Submission) wird meist einzelbaumweise geerntet. Im Altersklassenwald ist eine einzelbaumweise Entnahme leichter durchzuführen als im Plenterwald, da die Verjüngung nicht so strukturreich ist, sondern in der Regel eine Schicht bildet. Im Plenterwald ist die einzelbaumweise Entnahme allerdings die einzige Möglichkeit zur Erhaltung der Struktur, weshalb in diesem Fall auch häufig von Plenterhieb gesprochen wird. Die saubere Durchführung von Plenterhieben verlangt eine gute Vorbereitung und eine präzise Fälltechnik, um die Schäden an den nachwachsenden Baumarten auf ein Minimum zu reduzieren. Insbesondere große Laubholzkronen, wie die von Rotbuchen (*Fagus sylvatica*), haben einen Durchmesser von 10 m oder sogar mehr. Diese möglichst ohne Streifschäden durch die unterschiedlichen Baumschichten zu manövrieren erfordert eine gute Technik.

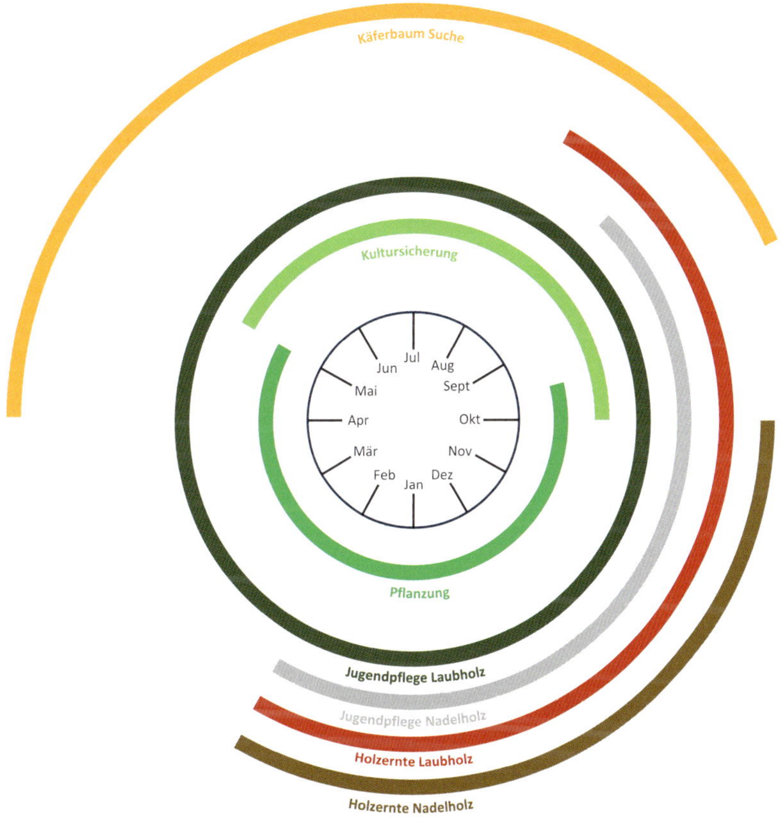

↑ Übersicht über die forstlichen Eingriffe und Arbeiten im Jahresverlauf.

Logistik und Transport

Wie gelangt das Holz aus dem Bestand und anschließend aus dem Wald und zum Verbraucher? Hierfür existieren verschiedene Verfahren.

Rückemethoden

Nach der Ernte liegt das Holz fertig entastet und abgelängt im Wald und muss anschließend an den Waldweg und später zum Kunden transportiert werden. Für die Holzbringung oder Rückung – so wird der Vorgang des Lieferns genannt – gibt es je nach Holzmengenanfall und Ausgangssituation im Gelände unterschiedliche maschinelle Verfahren.

Liegt das Holz fertig entastet und abgelängt im Wald, muss es anschließend an den Waldweg und später zum Kunden transportiert werden. Den Vorgang des Lieferns von Holz aus dem Wald an die Forststraße nennt man **Rückung**. Insbesondere bei motormanueller Aufarbeitung kann eine sogenannte Vorlieferung an die Rückegasse notwendig werden, bevor das Holz dann bei der eigentlichen Rückung auf den Rückegassen von Rückefahrzeugen zu den Lkw-fahrbaren Forststraßen gebracht werden kann.

Welche Methode zum Rücken von Holz verwendet wird, ist abhängig von der Topografie, der Holzmenge und den Bodenbedingungen.

Forwarder (Rückezug)

Am häufigsten werden bei der Holzrückung **Forwarder**, auch Rückezug genannt, eingesetzt. Der Forwarder oder Rückezug ist eine Forstspezialmaschine mit Knicklenkung.

Auf dem Vorderwagen befinden sich üblicherweise der Antrieb und die Fahrerkabine, auf dem Hinterwagen der Kran und der Rungenkorb. Dazwischen befindet sich die hydraulische Knicklenkung. Meist sind am Vorder- und Hinterwagen Bogieachsen angebracht und insgesamt acht Reifen montiert, einige Modelle am Markt haben am Vorderwagen keine Bogieachse und somit an dieser Achse auch nur zwei Räder, die dann aber im Durchmesser deutlich größer ausfallen. Die Zahl der Räder sowie deren Breite und Durchmesser bestimmen den verursachten Bodendruck und somit die Pfleglichkeit bei der Befahrung der Rückegassen und Forststraßen. Der Forwarder bewegt sich ausschließlich auf den Rückegassen, auf denen zuvor der Harvester gefahren ist. Die vom Harvester abgelegten **Raubeigen** (Stammabschnitte, die der Harvester im Wald für den Forwarder zur Rückung vorbereitet hat) werden in den Rungenkorb verladen und an die Lkw-fahrbare Forststraße geliefert. Beim Poltern werden die Stammabschnitte nach ihrer Länge und der späteren Verwendung sortiert an der Forststraße abgelegt.

Neben dem Forwarder gibt es auch Rückewagen mit Kran, die an geeignete Traktoren angehängt werden können. Diese können aufgrund des hydraulischen Antriebs der Anhängerachsen und bei einer versierten Bedienung hinsichtlich der Geländegängigkeit und der Massenleistung durchaus mit Forwardern mithalten, das Leergewicht fällt jedoch etwas höher aus als beim Forwarder, setzt man die gleiche Rungenkorbgröße voraus. Außerdem hat ein Forwarder die deutlich höhere Standfestigkeit, weshalb Rückeanhänger oft auf Höhe der Kransäule mit Stützen ausgestattet sind.

Schlepper mit Seilwinde

Bevor Harvester in den Wäldern Einzug hielten, waren die Vorlieferung und die Rückung mit der Forstseilwinde am Traktor sehr verbreitet. Das Holz wurde motormanuell gefällt, und so, wie der Baum zu liegen kam, aufgearbeitet und abgelängt. Wenn nun ein Baum 15 m von der Gasse entfernt stand, wurde er zur Gasse hin gefällt, die Krone kam idealerweise auf der Rückegasse zu liegen. Wenn nun aber die Trennschnitte ausgeführt wurden, der Baum also ausgehalten wurde, dann lagen einige Abschnitte gut erreichbar an der Gasse, einige jedoch wie in unserem Beispiel 15 m weit entfernt. Diese Abschnitte (oft sogar die dicksten Stammabschnitte) zog man nun mit der Seilwinde an die Rückegasse, sodass auch diese vom Rückezug aufgeladen werden konnten, oder man bündelte die Abschnitte mit Ketten, zog sie an das Rückeschild, auf dem eine Forstseilwinde montiert war, und fuhr dann aus dem Bestand und weiter zum Lagerplatz. Dort wurden die Ketten entfernt, und anschließend wurden die Stammabschnitte mit dem Frontlader gepoltert. Sie merken bereits, das ist alles in allem ein sehr mühsames und aufwendiges Verfahren. Deshalb waren solche Abschnitte auch nicht sehr beliebt, man ließ die Bäume daher häufig lang und trennte lediglich die Krone ab. Dadurch war zwar die Massenleistung besser, aber die Wege wurden durch das hohe Gewicht auf der Hinterachse des Traktors stark beansprucht. Die Vorlieferung mit dem Seil führte auch vermehrt zu Streifschäden an den Wurzelanläufen, Eintrittspforten unter anderem für Pilze (Rotfäule) mit der Folge der Holzentwertung im Bereich des Stammfußes bis hin zum Absterben einzelner Bäume. Leistungsstarke Harvester verdrängten diese Arbeitstechniken nach und nach, heute werden Bäume überwiegend in 4 oder 5 m lange Abschnitte zerteilt, die mithilfe der Vorschubwalzen des Harvesteraggregates alle an der Rückegasse zu liegen kommen und dort vom Forwarder problemlos aufgeladen und geliefert werden können.

Ist das Gelände jedoch sehr unwegsam, ist es also z.B. derart steil, dass ein Forwarder dort nicht fahren kann, oder ist die Holzmenge so gering, dass sich ein Einsatz des Rückezugs nicht lohnt, wird das Holz heute noch partiell mit Seilen an die Forststraße gebracht. Auch bei der einzelbaumweisen Nutzung in Dauer- und Plenterwald kann sich unter Umständen die Seilbringung noch lohnen.

Seilkranbringung

Im unwegsamen Gelände der Gebirge und Sümpfe kommen Seilkräne zum Einsatz. Diese lassen sich mit kleinen Seilbahnen vergleichen, mit dem Unterschied, dass sie nicht Skifahrer, sondern das Holz transportieren. Seilanlagen können unterschiedlich

↑ Am häufigsten werden bei der Holzrückung Forwarder, auch Rückezug genannt, eingesetzt.

↓ Der Gebirgsharvester ist ein Arbeitsverfahren mit einem Seilkran und einem Prozessor zur Aufarbeitung der Bäume an der Forststraße.

↓ In unwegsamem Gelände, wie z.B. im Gebirge, kommen Seilkräne zum Einsatz, die sich auch für den Transport von Material für jagdliche Einrichtungen eignen.

aufgebaut sein. Eine Variante, die sehr häufig in der Praxis zu finden ist, sind Seilbringungssysteme mit Tragseil und Laufwagen. Das Tragseil für den Laufwagen, mit dem das Holz zur Seiltrasse gezogen wird, wird meist durch ein auf einem Anhänger oder einem Lkw montierten Kippmast gespannt. Das Laufseil, mit dem der Wagen am Tragseil hin- und hergezogen wird, wird zum Beiseilen verwendet und ebenfalls am Kippmast auf- und abgespult.

Eine weitere Variante ist ein Laufwagen, der seitlich von der Seiltrasse liegendes Holz unter das Tragseil heranziehen und für den Abtransport anheben oder unter dem Tragseil auf dem Boden ziehen kann. Sogenannte Anschläger, also Forstarbeiter, müssen das Seil vom Laufwagen zu den Holzstämmen ziehen und befestigen, eine der schwersten Arbeiten, die es in Deutschland noch gibt. Anschläger haben deshalb häufig in bereits relativ jungen Jahren mit beruflich bedingten Erkrankungen der Gelenke, Sehnen und Bänder des gesamten Bewegungsapparates zu kämpfen.

Es gibt unterschiedliche Systeme, die jeweils eine Bringung bergauf oder bergab ermöglichen.

So gibt es beispielsweise den Gebirgsharvester. Das ist keine Spezialmaschine, sondern ein bestimmtes Arbeitsverfahren. Dabei werden im Hang motormanuell Bäume gefällt, aber nicht aufgearbeitet. Mithilfe eines Seilkrans werden diese sogenannten Vollbäume dann wie oben beschrieben entweder zur Berg- oder zur Talstation gebracht, wo sie dann mit einem Harvesteraggregat aufgearbeitet werden. Montiert wird das Aggregat jedoch nicht an einem Harvester, sondern an einem handelsüblichen Rad- oder Kettenbagger.

Spezialfälle

Neben den gängigen Verfahren, der Rückung mit dem Forwarder oder mit Seilsystemen, gibt es für absolute Sondersituationen (z.B. fehlende Erschließung, Einzelbaumbringung auf nassen Standorten) lokal noch weitere Lösungen. Eine von ihnen ist das Rücken mit dem Pferd. Dabei werden die Baumabschnitte (Gewichte von mehreren Hundert Kilogramm bis über 1 t möglich) von kräftigen Kaltblütern an die Forststraße gezogen. Zu diesem Zweck tragen die Pferde ein spezielles Arbeitsgeschirr, das mit einem Kummet verbunden ist. An den im hinteren Teil des Zuggeschirrs verwendeten Ketten und Seilen werden die Baumstämme befestigt.

Im Hochgebirge ist die Möglichkeit, das Gelände zu erschließen, häufig naturgemäß nicht gegeben, und somit ist es natürlich auch unmöglich, das Holz mit einem Lkw ins Tal zu bringen, vom Aufstellen eines Kippmastes für eine Seilanlage ganz zu schweigen. In solchen Fällen kann ein Helikopter zur Rückung und zum Transport des Holzes ins Tal verwendet werden. Bis zu 6 t Holz können so mit einem einzigen Flug bewegt werden.

Wissenswertes

Seilkräne sind immer wieder eine hervorragende Möglichkeit, in absolut unwegsamem Gelände Materialien für jagdliche Einrichtungen zu transportieren.

Rückegassensysteme

Damit die gefällten Bäume aus den Beständen transportiert werden können, müssen diese erschlossen werden. Dazu wird ein System an Gassen, den sogenannten Rückegassen, angelegt. Diese sind auch ein wichtiges Element fürs Wild und die Jagd.

Das Rückgrat einer nachhaltigen Forstwirtschaft ist die Erschließung der Bestände. Damit gerückt werden kann, ist eine Feinerschließung des Waldes in Form von Rückegassen erforderlich. Exakt auf einzelne Maschinen abgestimmt, ist sie daher je nach Rückemethode anders konzipiert. Und auch für die Bejagung im Wald sind Gassen ein wichtiges Element, sie begünstigen eine gute Sicht und haben durch die teilweise besseren Lichtverhältnisse häufig abwechslungsreichere Äsung zu bieten.

Fahrgassen (Flachland)

Damit sich Harvester, Forwarder und Co. im Wald bewegen können, müssen Rückegassen angelegt werden. Rückegassen entstehen durch bloßes Absägen der Bäume in Fahrgassenbreite von etwa 5 m (Forstmaschinen sind häufig überbreit, sie messen bis zu 3 m, es bleibt also links und rechts jeweils noch gut 1 m Platz zum Gassenrandbaum). Eine Bodenbearbeitung oder die Einbringung von Fremdmaterial finden nicht statt. Bevor Rückegassen aufgeschnitten werden, muss das Erschließungssystem umsichtig geplant werden. Ich überlege mir zuerst anhand eines Luftbildes, wie und wo ich die Gassen im Bestand anlegen könnte. Dabei ist es wichtig, zu überprüfen, ob bereits ein Gassensystem vorhanden ist und, wenn ja, was davon übernommen werden kann und wo die Grunderschließung verläuft. Eine systematische Grunderschließung von Waldgebieten erfolgt mit Lkw-fahrbaren Forststraßen, hier muss das Holz nach dem Rücken auch gepoltert werden können. Habe ich mir einen Überblick verschafft, muss ich mir überlegen, welchen Abstand die Rückegassen haben sollen. Mit Gassenabstand ist immer die rechtwinklige Entfernung von Gassenmitte zu Gassenmitte gemeint. Wie weit die Gassen jeweils auseinanderliegen, richtet sich nach der Reichweite des Harvesters. Prinzipiell sollte der Harvester jeden Baum bis zur Rückegassenscheide erreichen können. In der Regel beträgt die Reichweite 10 bis 15 m, was Gassenabstände von 20 bis 30 m zulässt. In reinen Laubholzbeständen findet man häufig deutlich weitere Gassenabstände. Dies wurde in der Vergangenheit unter anderem damit begründet, dass Eingriffe im Laubholz mit dem Harvester nicht möglich seien und die Endnutzungen aufgrund der hohen Stammdurchmesser vom Aggregat nicht bewältigt werden können. Heutzutage jedoch ist es üblich, Durchforstungen der Vornutzung maschinell durchzuführen, und selbst für die Starkholzernte im Laubholz gibt es mittlerweile entsprechend dimensionierte Aggregate. Ist der Gassenabstand festgelegt, muss ich entscheiden, wie die Gassen verlaufen sollen. Wichtig ist, dass die Gassen genau parallel zueinander verlaufen. Je nachdem, in welchem Winkel Gassen zur Grunderschließung führen, lässt das Gassensystem am Ende für die Forstmaschinen nur ein Abbiegen in eine Richtung zu, da der Wendekreis enge Kurven unmöglich macht. Aus diesem Grund werden Fahrgassen, die im 90°-Winkel zur Grunderschließung angelegt werden, an ihren Enden trompetenförmig geöffnet. Das ermöglicht ein Abbiegen in beide Richtungen. Nach abgeschlossener Planung geht es mit einem Spezialkompass ins Gelände. Als Erstes gehe ich die gesamte Fläche ab und überprüfe, ob sich die Planung praktisch sinnvoll umsetzen lässt oder ob kleinere Änderungen aufgrund von Besonderheiten im Gelände durchgeführt werden müssen (Gräben, nasse Senken, Hügel usw.). Ist die Durchführbarkeit gewährleistet, ermittle ich mit dem Kompass die entsprechende Gradzahl, die sich aus der Peilung der Lkw-fahrbaren Forststraße ergibt. Dann begebe ich mich an die Stelle, an der die erste Gasse von der Forststraße abzweigen soll, und ziehe entweder 90° von meiner ermittelten Grundpeilung ab oder zähle sie dazu, je nachdem, ob die Gasse rechts oder links von der Forststraße in den Bestand verlaufen soll. Dieser rechtwinklig zur Grundpeilung verlaufenden Peilung folge ich nun in den Bestand hinein, indem ich diejenigen Bäume markiere, die genau auf dieser Peilung stehen. Folgt der Harvester später exakt diesen Linien, entstehen gerade Gassen. Nach diesem System arbeite ich mich durch den gesamten Bestand hindurch. Ist das Gassensystem fertig angezeichnet, kann der Gassenaufhieb erfolgen. In der Regel erfolgt das Einlegen der Gassen mit dem Ersteingriff in der Jungdurchforstung. Entscheidend dabei ist, dass die schematisch angelegte Feinerschließung dauerhaft erhalten bleibt, also auch bei einem Generationenwechsel im Wald (oder beim Förster) weiterhin so übernommen wird. Aus diesem Grund ist es wichtig, die Feinerschließung in digitalen Karten oder auf Papierkarten genau zu dokumentieren, denn durch die Feinerschließung wird das Befahren des Waldbodens auf die systematisch angelegten und gekennzeichneten Rückegassen beschränkt, sodass die lokale Verdichtung des Bodens auf diese permanenten Befahrungslinien eingegrenzt wird. Da durch die Verdichtung des Waldbodens die Bodenbelüftung verloren geht, die Wasserspeicherfähigkeit beeinträchtigt wird und die Baumwurzeln durch die von den Rückefahrzeugen hervorgerufene Kompression nachhaltig geschädigt werden können, wird auf diese Weise eine bestandsschonende Waldbewirtschaftung ermöglicht.

Direkt nach dem Gassenaufhieb sind die Rückegassen deutlich sichtbar und wirken als optischer (und faktischer) Einschnitt ziemlich markant. Das liegt daran, dass hier meist jüngere Bäume gefällt werden, deren Kronen noch im Gassenbereich ansetzen. Mit den Jahren wachsen die Bäume in die Höhe und schließen mit ihren Ästen auch den Bereich über den Gassen, woraufhin sich die Fahrgassen optisch harmonischer ins Waldbild einfügen oder in älteren Beständen vollkommen mit dem Waldbild verschmelzen.

Besonders in großflächigen Nadelholzwäldern stellen Rückegassen wertvolle Äsungsstreifen dar. Sie durchziehen wie grüne Bänder die sonst am Boden relativ krautarmen Bestände und sind daher für die Wildtiere ein zusätzliches Äsungsangebot. Fahrgassen sind häufig die Bereiche im Wald, in denen durch das offene Kronendach am meisten Licht zum Boden durchdringt. Aus diesem Grund samen sich häufig Wildkräuter und Sträucher an, die aufgrund der guten Bedingungen (windgeschützt, ausreichend Licht, gute Nährstoffausstattung) üppig wachsen.

Seiltrassen (Gebirge)

Im Gebirge müssen für die Seilkranbringung Seiltrassen aufgeschnitten werden. Sowohl hinsichtlich Planung als auch Umsetzung sind diese sehr aufwendig, weshalb es wichtig ist, möglichst viele Waldbereiche, in denen eine Durchforstung oder eine Endnutzung stattfinden soll, mit einer Trasse abzudecken. Auch hier wird der Trassenverlauf zuerst grob auf einer Karte geplant, und anschließend wird die Trasse mit großem Aufwand im Gelände angelegt. Beim Trassieren ist darauf zu achten, dass die Trasse, ohne Wenn und Aber, im wahrsten Sinne des Wortes schnurgerade verläuft. Wichtig ist hierbei auch, direkt Bäume entlang der Trasse ausfindig zu machen, die eventuell als Stütze übernommen werden können. Auf der Trasse selbst dürfen keine zu großen Unebenheiten bestehen oder Hindernisse wie Felsblöcke herumliegen, um ein Hängenbleiben und Verkanten des Holzes zu vermeiden. Wurde die Seiltrasse im Gelände markiert, wird sie motormanuell aufgeschnitten. Im Anschluss werden der Seilkran und die Stützen aufgebaut, und das Tragseil wird eingezogen. Seiltrassen können sich von mehreren Hundert Metern bis zu einem oder mehr Kilometern erstrecken.

↓ Rückegassen sind häufig lichtdurchflutet, wodurch sich Kräuter und Sträucher ansamen, die als Äsung zur Verfügung stehen.

↓ Mittels Spezialkompass werden die Gassen in die Bestände eingemessen. Bäume, die genau auf dieser Peilung stehen, werden für den Harvester markiert.

Holzaufnahme

↑ Vor allem werthaltige Hölzer werden direkt nach der Rückung vermessen. Ermittelt wird neben der Länge auch der Durchmesser mittels einer Kluppe.

Um die Menge des geernteten und an die Forststraße gerückten Holzes zu ermitteln, muss es vermessen und aufgenommen werden. Hierfür gibt es je nach Sortiment unterschiedliche Verfahren wie die Zählung von Massensortimenten oder die sektionsweise Mengenermittlung.

Wurde das Holz aus dem Wald an die Forststraße gebracht und gepoltert, muss es aufgenommen werden. Die Holzaufnahme beinhaltet das Vermessen des geernteten Holzes.

Grundsätzlich kann Rundholz im **Waldmaß** oder nach **Werksmaß** verkauft werden. Waldmaß bedeutet, dass das Holz anhand gesetzlich geregelter Messverfahren und -abläufe (Rahmenvereinbarung für den Rohholzhandel, kurz RVR) noch im Bestand vom Forstwirt vermessen und angeschrieben wird, spätestens aber nach der Rückung am Polter. Das ermittelte Waldmaß stellt also eine Abrechnungsgrundlage dar, die unmittelbar nach der Rückung zur Verfügung steht.

Werksmaß bedeutet, dass an der Forststraße lediglich eine Schätzung vorgenommen wird, die exakte Mengenermittlung erfolgt im Sägewerk oder im weiterverarbeitenden Betrieb.

Es werden hierbei je nach Sortiment durch Messung oder Schätzung Daten zur Mengenermittlung gesammelt. Manche Sortimente werden bereits direkt nach der Fällung vom Forstwirt vermessen und stirnseitig beschriftet (Länge, Durchmesser und Qualität). Diese Daten werden dann am Polter erfasst. Werthaltige Stämme werden einzelstammweise aufgelegt, um eventuell mit der Motorsäge nachgearbeitet werden zu können und um Länge sowie Durchmesser zu ermitteln. Während dieser Aufnahme der Daten erhält der Polter eine Nummer, welche mit Markierfarbe gut lesbar aufgesprüht wird. Einzelstammweise aufgelegtes Wertholz wird durch ein stirnseitig eingeschlagenes Nummernplättchen ausgezeichnet. Polternummer, GPS-Koordinaten und die gemessene oder geschätzte Menge werden dem Käufer oder dem Transporteur mitgeteilt.

Wie das Holz vermessen und verkauft wird, hängt vom Käufer ab, davon abhängig werden auch die Polter gebildet.

Vermessung von wertvollen Einzelstämmen

Besonderes Holz wird auch besonders behandelt. Vor allem werthaltige Hölzer wie Eiche (*Quercus spec.*) oder astfreie Weißtanne (Abies alba) werden im Wald oder an der Forststraße direkt nach der Rückung vermessen. Es werden Länge und Durchmesser ermittelt: die Länge mit dem Maßband, der Durchmesser mit der Kluppe, einer überdimensionalen Schieblehre. Der sogenannte **Mittendurchmesser** wird ermittelt. Er wird in der Mitte des Baumstammes (ohne Übermaß) gemessen. Dazu wird an der Messstelle zweimal um 90° versetzt gekluppt und auf diese Weise ein Mittelwert gebildet. Dieser Wert wird als Grundlage zur Kreisflächenberechnung verwendet. Die errechnete Kreisfläche wird danach mit der Länge des Stammes multipliziert, woraus sich der Festmetergehalt inklusive Rinde ergibt. Da die Baumrinde je nach Baumart mehrere Zentimeter dick sein kann, wird ein sogenannter Rindenabzug vorgenommen.

Die vom Forstwirt ausgehaltene Länge kann, in 10-cm-Schritten gemessen, 2 bis 19,50 m betragen. Auf der Stirnfläche des Stammes werden anschließend die Länge des Stammes und der Durchmesser angeschrieben. Häufig erhält der Stamm zudem eine Nummer, damit er genau zuordenbar ist. Ermittelt wird das Holzvolumen in Festmetern. Ein Festmeter entspricht einem vollständig mit Holz ausgefüllten Würfel mit einer Kantenlänge von 1 m, der keinerlei Luftzwischenräume aufweist. Wichtig ist die Angabe des Zusatzes »in Rinde« bzw. »ohne Rinde«. Je nach Baumart kann die Baumrinde einen Volumenanteil von 20% haben.

Vermessung von Massensortimenten

In der Vergangenheit wurden auch Massensortimente für die Sägewerke stets im Wald vom Forstwirt gemessen und angeschrieben. Der Verkauf erfolgte im Waldmaß. Vorteil hiervon war, dass zeitgleich mit dem letzten Baum im Hieb die abzurechnende Holzmenge zur Verfügung stand, ein schnellerer Geldfluss möglich war und die Akkordlöhne sofort ermittelt werden konnten. Wesentliche Nachteile waren Ungenauigkeiten hinsichtlich des Rindenanteils sowie der erforderliche Arbeitsaufwand für das Messen, Anschreiben, Dokumentieren und Abrechnen.

Heute werden Massensortimente meistens in standardisierten Längen von 4 oder 5 m (sogenannten Fixlängen) ausgehalten. Die Aufarbeitung erfolgt nicht mehr motormanuell. Der Harvesterfahrer kann nicht jeden Abschnitt nach Länge und Durchmesser vermessen. Diese Vermessung erfolgt mit geeichter Messtechnik im Sägewerk. Aus diesem Grund werden die Stämme nach der Rückung im Polter gezählt, und die Festmetermenge wird nur geschätzt. Dies geschieht entweder als reine Schätzung per Augenmaß oder unterstützt durch stichprobenartige Messungen am Polter für Hochrechnungen. Die

↑ Jeder gezählte Baum wird mit einem Punkt versehen. Am Ende wird die Stückzahl auf dem Holzpolter notiert.

exakte Holzmenge für die Abrechnung wird danach vollautomatisch im Sägewerk ermittelt.

Vielleicht ist Ihnen im Wald bereits einmal ein Polter mit vielen farbigen Punkten aufgefallen. Diese Punkte resultieren aus der Holzzählung.Jeder Stamm, der gezählt wurde, erhält einen Punkt, damit er nicht erneut gezählt wird. Am Ende wird die Stückzahl auf dem Holzpolter notiert und eine Polternummer vergeben, damit nachvollzogen werden kann, um welches Holz es sich handelt und wem die spätere Abrechnung zugeordnet werden kann.

Sektionsweise Mengenermittlung

Statt über die Holzmenge eines jeden einzelnen Stammes die Gesamtmenge zu ermitteln, kann man auch den kompletten Polter samt den zwischen den Stämmen enthaltenen Hohlräumen vermessen. Die Einheit des ermittelten Volumens heißt **Raummeter** oder auch **Ster.**

Schwächere oder krumme Holzsortimente wie z.B. Brennholz werden nicht gezählt, sondern sektionsweise gemessen. Der Holzpolter wird der Länge nach in Sektionen von 1 oder 2 m Länge unterteilt, deren Mitte jeweils markiert wird. Die Unterteilung in 1-m-Sektionen liefert genauere Ergebnisse. In den Sektionsmitten wird die jeweilige Höhe des Polterabschnitts gemessen. So erhält man die durchschnittliche Höhe des Polters. Zusammen mit der Polterlänge und der Länge der Stämme kann man jetzt das Volumen berechnen (Polterlänge × Stammlänge × durchschnittliche Höhe).

↑ Bei der sektionsweisen Mengenermittlung wird der komplette Polter samt den zwischen den Stämmen enthaltenen Hohlräumen vermessen.

Erwirbt man als Jäger Fichtenstangen für den Hochsitzbau, werden diese meist nach sektionsweiser Mengenermittlung in Raummetern abgerechnet.

Schätzen von Hackholzhaufen

Aus Forstschutzgründen kann es notwendig sein, vor allem Fichtenkronen zu verwerten. Das Kronenmaterial stellt brutfähiges Material für den Buchdrucker dar und kann somit, wenn es im Wald belassen wird, zur Gefahr für die umliegenden Bäume werden. Es sollte deshalb auch gerückt und an der Forststraße gelagert werden. Dort wird es dann zu Waldhackschnitzeln verarbeitet und anschließend zu Biomasseheizkraftwerken transportiert. Auch Hackhaufen müssen geschätzt werden, damit der Fuhrunternehmer seine Fahrten und der Käufer der Hackschnitzel seine Zufuhr planen kann. Wer von Ihnen bereits einmal Hackhaufen gesehen hat, weiß, dass diese an Unförmigkeit und Ungleichmäßigkeiten kaum zu übertreffen sind. Dementsprechend schwierig ist die Ermittlung der Menge. Im Prinzip verläuft die Schätzung ähnlich wie die sektionsweise Mengenermittlung über die Unterteilung in kleinere Volumeneinheiten. Das Maß, das man hier erhält, ist Raummeter. Abgerechnet werden Waldhackschnitzel allerdings in Schüttraummetern. Ein Raummeter entspricht einem Würfel mit 1 m Kantenlänge, der mit geschichtetem Holz gefüllt ist, z.B. bei einem Brennholzpolter. Ein Raummeter enthält im Gegensatz zum Festmeter Luftzwischenräume. Ein Schüttraummeter entspricht einem Würfel mit 1 m Kantenlänge, der mit lose geschüttetem, zerkleinertem Holz (z.B. Holzscheite oder Hackschnitzel) gefüllt ist. Ein Schüttraummeter enthält im Vergleich zu einem Raummeter mehr Luftzwischenräume. Ein Schüttraummeter entspricht 0,4 Festmetern oder 0,7 Raummetern.

Holzabfuhr

Nach der Baumfällung und der Rückung auf die Forststraße muss das Holz abgeholt und in die verschiedenen Werke transportiert werden. Auch hier kommen – je nach Sortiment – unterschiedliche Maschinen zum Einsatz, wie z. B. Glieder- oder Langholzzüge.

Ist das Holz verkauft und hat der Fuhrunternehmer seinen Frachtauftrag erhalten, wird das Holz abgeholt und in die Werke gefahren. Je nach Sortiment kommen hier unterschiedliche Maschinen zum Einsatz. Die meisten Sortimente werden mit Gliederzügen, also Lkw, bestehend aus Maschinenwagen und Anhänger, die beide annähernd das gleiche Ladevolumen aufweisen, abgefahren. Der Maschinenwagen mit Kran ist darauf ausgelegt, Holzsortimente von meist 2 bis 5 m (im Sonderfall 6 m) zu transportieren. Die höchstzulässige Gesamtlänge des Fahrzeugs beträgt von der vorderen Stoßstange bis zum hinteren Ende der überstehenden

↑ Es gibt Gliederzüge, die zur Erhöhung der Wendigkeit bei Leerfahrten ihren Anhänger huckepack tragen.

↑ Zur Effizienzsteigerung, d.h. zur Erhöhung der transportierbaren Holzmenge pro Lkw, können mit einem Kran mehrere Sattelauflieger beladen werden.

↑ Waldhackschnitzel werden direkt vor Ort gehackt, in Container verblasen und dann zum Heizkraftwerk gefahren.

Stämme genau 18,75 m. Im Einzelnen variieren die Ladungsmöglichkeiten der Lkw stark. Die Anordnung und Größe des Krans sowie die Größe der Kabine spielen hier eine Rolle. Wichtig ist, dass jeder Stamm von mindestens zwei Rungen gehalten wird. Auch der Holztransport mit einem Sattelzug ist möglich. Bei einem Sattelzug hat die Zugmaschine in der Regel keinen festen Aufbau, sondern zieht einen Sattelauflieger. Holzkräne bringen mehrere Tonnen Eigengewicht mit, was sich entsprechend auf das Gesamtgewicht der Ladung auswirkt und eine geringere Zuladung zur Folge hat. Daher kann es bei größeren Holzmengen sinnvoll sein, mehrere Glieder- oder Sattelzüge ohne Kranaufbau durch einen Lkw mit Kran zu beladen. Dieses Vorgehen steigert die Effizienz, da die Nutzlast pro Umlauf gesteigert werden kann.

Für besonders langes Holz gibt es eigene Lösungen. Langholzzüge mit Nachläufer können je nach Gesetzeslage auch länger als Gliederzüge sein. Das geladene Langholz ersetzt den Fahrzeugrahmen und verbindet den Maschinenwagen mit dem Nachläufer, der über eine eigene Lenkung verfügt.

Der Nachläufer wird bei Leerfahrten huckepack auf dem Maschinenwagen transportiert. Solche Gespanne sind technisch bedingt auf eine Holzlänge von mindestens 8 m und länger festgelegt.

Geladen werden darf so viel Holz, bis das Gespann 40 t Gesamtgewicht erreicht. Zum Beispiel je nach Infrastruktur und Transportdistanz kann Holz auch auf dem Schienenweg oder mit Schiffen transportiert werden. In diesen Fällen braucht es jedoch in der Regel einen Vor- und Nachlauf mit dem Lkw.

Die Waldhackschnitzel, auch Waldhackgut genannt, werden direkt vor Ort auf der Forststraße gehackt, in Container verblasen und dann zum Heizkraftwerk gefahren. Waldhackschnitzel sind ein sehr regionales Produkt, das vom Entstehungsort im Wald bis zur Heizanlage selten weiter als 60 km transportiert wird. Eine nachhaltige Waldbewirtschaftung, kurze Wege und ein geringer Verarbeitungsgrad machen Waldhackschnitzel zu einer interessanten biogenen Heizmethode mit hoher regionaler Wertschöpfung.

Wegebau und Erschließung

Forstwege und -straßen sind für die gesamte Forstwirtschaft unerlässlich und stellen sicher, dass das Holz zum Endverbraucher gelangt. Der Wegebau, die Erhaltung der Wege und die dazu nötige Walderschließung nehmen einen großen Teil des Aufgabenbereichs der Forstwirtschaft ein.

Wege sind unwahrscheinlich wichtig für jeden von uns. Sie geben uns die Möglichkeit, zu Fuß oder mit unterschiedlichen Fortbewegungsmitteln von einem Ort zum anderen zu gelangen, und helfen uns bei der Orientierung. Sie durchziehen die gesamte Landschaft, und man findet sie in Städten, Wiesen und Feldern sowie in Wäldern. Wege sind demnach eine Selbstverständlichkeit, oder? So werden sie von vielen wahrgenommen. Doch jeder Weg stellt einen großen baulichen Eingriff dar, und auch nach der Fertigstellung muss er regelmäßig gepflegt werden. Wie jedes Feld, jeder Garten und jeder Wald seinen Besitzer hat, der sich verantwortungsvoll um sein Eigentum kümmern muss, gehört auch jeder Weg einer Person oder Institution. Waldwege sind gesetzlich gesehen Teil des Waldes

← Der Boden für die Trasse der geplanten Forststraße muss ausgehoben, Wurzelstöcke und Humus müssen entfernt werden.

↓ Auf dem sogenannten Planum wird die Tragschicht aus grobem Steinmaterial und im Anschluss die Deckschicht aus Splitt oder Mittelkies aufgetragen.

↑ Alle Forststraßen müssen unterhalten und in regelmäßigen Abständen gepflegt bzw. gegrätert werden.

↑ Die in den Lichtraum hineinwachsenden Äste müssen alle drei bis vier Jahre eingekürzt werden.

(§ 2 Abs. 1 Satz 2 BWaldG) und dienen der Forstwirtschaft. Von Forstbetrieben angelegte Wegenetze in Wäldern ermöglichen es, Arbeitern und Maschinen in den Wald hineinzugelangen und später Holz, Arbeiter und Maschinen wieder aus dem Wald hinauszubefördern. Ohne Walderschließung wäre eine Versorgung der Gesellschaft mit Holz also unmöglich. Positiver Nebeneffekt der Forstwege ist die Möglichkeit, diese beim Waldbesuch in der Freizeit auf unterschiedliche Weise innerhalb des jeweils geltenden Rahmengesetzes z.B. mit dem Fahrrad nutzen zu können.

Forstliche Erschließung gibt es in unterschiedlichen Abstufungen. Die **Grunderschließung**, also das Erstellen eines Lkw-fahrbaren Fahrwegenetzes, dient der ersten Struktur des Waldes und ermöglicht eine Zufahrt für Menschen und Maschinen sowie eine Abfuhr des Holzes. Neben den Forststraßen gibt es einfachere Forstwege. Diese sind nicht Lkw-fahrbar, bieten aber Förstern, Jägern und Arbeitern mit Forstmaschinen die Möglichkeit, sich auf den Waldflächen zwischen den Lkw-fahrbaren Forststraßen hin- und herzubewegen. Die kleinste Einheit der Walderschließung (**Feinerschließung**) sind die Rückegassen. Auf diesen können nur noch Forstmaschinen und Forstspezialschlepper fahren. Rückegassen gelten als Holzbodenfläche und werden nicht wie alle anderen Wege als Nichtholzboden von der Gesamtwaldfläche abgezogen. Auf normalen Landkarten sind sie nicht verzeichnet.

Entscheidende Eigenschaft eines Weges ist seine Tragfähigkeit, danach folgen die Oberflächenbeschaffenheit, die Neigung sowie die Trassierung (diese bestimmt die Kurvenradien). Die Anlage der Grunderschließung bedarf einer guten Planung und schweren Geräts in der Umsetzung. Im ersten Schritt muss der Verlauf des Weges festgelegt werden (Trassierung). Forststraßenbau und die Unterhaltung von Wegen sind extrem kostspielig, zudem bedeutet jeder Quadratmeter Weg 1 m^2 weniger Holzboden. Deshalb sind Wege auf das absolut notwendige Minimum zu reduzieren und so anzulegen, dass mit wenigen Wegen möglichst viel Wald erschlossen wird. Im Gelände wird dann im nächsten Schritt der spätere Forststraßenverlauf trassiert, also abgesteckt. Dabei sind Bereiche, die umfangreichere Baggerarbeiten erforderlich machen, z.B. Hanganschnitte oder Aufschüttungen, zu minimieren. Nach der Trassierung fällt der Startschuss für den Aushub und die Modellierung. Um eine ausreichende Belastbarkeit und eine nachhaltig dauerhafte Befahrung mit Lkw zu ermöglichen, bedarf es einer entsprechenden Tragschicht. Der Boden für die Trasse der geplanten Forststraße muss ausgehoben werden, Wurzelstöcke und Humus müssen entfernt werden. Anschließend wird ein **Planum** auf dem anstehenden Mineralboden unter der Deck- und Tragschicht hergestellt. Auf dieses Planum wird dann die **Tragschicht** aus im Idealfall grobem, gebrochenem Steinmaterial (Schroppen 63/X, d.h. Durchmesser 63 mm und größer) aufgetragen. Aus wirtschaftlichen Gründen kann auch regional verfügbares unsortiertes Material mit kurzem Transportweg für die Tragschicht verwendet werden. Es muss dabei aber berücksichtigt werden, dass die Verwendung von ungebrochenem, rundem Material für den wassergebundenen Wegebau ohne Zugabe von Zement oder anderen Bindemitteln hinsichtlich der Haltbarkeit der Wege weniger gut

Forstwege und -straßen werden als selbstverständlich angesehen. Für mich sind sie alles andere als das – ihre aufwendige Planung und Pflege erfordern einen großen Teil meiner Zeit.

BEATRICE JÄGER

geeignet ist als gebrochenes Material, das sich aufgrund der scharfen Kanten besser ineinander verzahnt und so insbesondere die Verschleißschicht haltbarer macht. An die Tragschicht schließt sich dann die **Deckschicht** aus feinerem Material an, in der Regel Splitt (gebrochen) oder Mittelkies (rund) in der Korngröße 2–63 mm. Die oberste Schicht, die **Verschleißschicht**, besteht im Idealfall aus Splitt (Korngröße 0–20 mm) inklusive der Feinanteile kleiner als 2 mm, die für eine wasserdichte Bindung sorgen und die darunterliegende Deckschicht und die Tragschicht vor Nässe schützen. Jede Schicht muss für eine optimale Tragfähigkeit des Wegekörpers ausreichend verdichtet werden. Für eine lange Lebensdauer einer Forststraße ist es entscheidend, Wasser von ihr wegzulenken, denn der größte Feind von Straßen ist tatsächlich das Wasser. Es sammelt sich in Unebenheiten, weicht den Boden auf und lässt Schlaglöcher entstehen. In größeren Mengen kann es Massen an Material wegschwemmen und auch Hänge derart destabilisieren, dass ganze Wege abrutschen. Der Spruch »Ein Weg ist nur so gut wie seine Entwässerung« trifft es also auf den Punkt. Deshalb müssen in jeder Planung des forstlichen Wegebaus ausreichend Entwässerungsgräben und Durchlässe einkalkuliert und in der Folge auch verbaut werden.

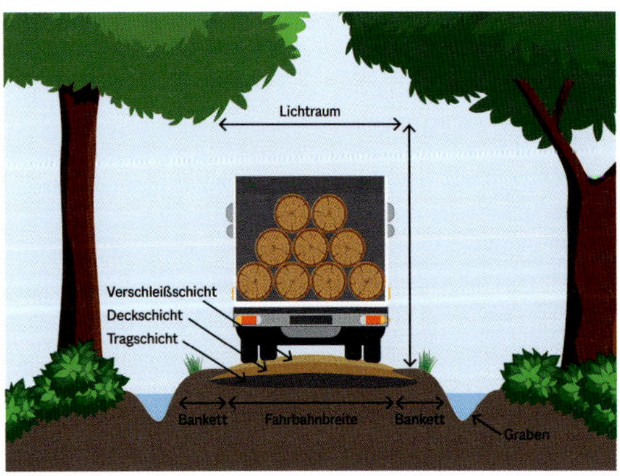

↑ **Forststraßenprofil: Tragschicht, Deckschicht und Verschleißschicht erstrecken sich über die gesamte Fahrbahnbreite. Den Raum darüber nennt man Lichtraum.**

Die Wegeoberfläche erhält im Querschnitt ein **Dachprofil** mit entsprechender halbseitiger Querneigung, d. h., die Querneigung fällt nach außen hin ab. Dadurch läuft das Wasser durch die Neigung von der Wegemitte aus seitlich in die Gräben ab. Würde es sich dagegen in der Wegemitte sammeln, würde es auf Dauer die Fahrbahn aufweichen und zerstören. Die Querneigung darf dabei aber nicht zu steil ausgeformt werden, sonst würde das Wasser zwar besonders rasch zur Seite ablaufen, aufgrund der Neigung hätten die Reifen der Lkw dann allerdings keinen vollen Bodenkontakt mehr, d.h., es liefen von den Zwillingsreifen nur noch die inneren Kanten der inneren Reifen auf der Verschleißschicht. Die Folgen wären eine rasche Schädigung der Verschleißschicht, der Verlust der Querneigung und die Bildung von Schlaglöchern und Rinnen, die wiederum vom Regenwasser vertieft werden.

Einmal gebaut, sind Forststraßen und Forstwege jedoch kein sorgenfreier Genuss, sondern sie müssen in regelmäßigen Abständen gepflegt werden. Mit der Zeit sammeln sich dort Laub und Nadeln, diese verrotten auf der Oberfläche und bilden dann eine rutschige Humusschicht. Um zu verhindern, dass ein Weg durch diesen Prozess unbefahrbar wird, müssen Forststraßen gegrätert werden. Dabei wird mit einer scharfen Kante das Humusmaterial von der Straße abgezogen. Je nach Zustand muss dann ein erneuter Auftrag von Material für die Verschleißschicht erfolgen. Auf jeden Fall ist sicherzustellen, dass ein geordneter Wasserabfluss jederzeit gewährleistet ist. Das bedeutet, dass alle Durchlässe in regelmäßigen Abständen dahingehend kontrolliert werden müssen, ob sie frei sind. Gräben müssen nach Bedarf ausgebaggert werden, um funktionsfähig zu bleiben. Auch im Raum direkt über der Forststraße, den die Fahrzeuge zur Befahrung nutzen, fallen Pflegearbeiten an. Dieser Raum wird **Lichtraumprofil** genannt. Lkw dürfen laut StVZO eine Höhe von bis zu 4 m haben. Mit der Zeit wachsen die Äste der angrenzenden Bäume in das Lichtraumprofil ein. Diese müssen daher alle drei bis vier Jahre von einem Lichtraumprofilschneider eingekürzt werden, damit sich zum einen Maschinen weiterhin ungehindert fortbewegen können und die Wege zum anderen nach Regen oder Schneefall rasch abtrocknen.

Der Wegebau und die Erhaltung der Wege sind Aufgaben, die häufig nicht der Forstwirtschaft zugeordnet werden, dabei fallen jedes Jahr viele Stunden, manchmal auch Wochen Arbeit in diesem Zusammenhang an. Eine Waldfläche von 100 ha kann schnell 5 bis 10 km Grunderschließung bedeuten.

Jagdlich gesehen sind Forststraßen und Wege im Wald Fluch und Segen zugleich. Einerseits braucht auch der Jäger die forstliche Erschließung für eine optimale Bewirtschaftung seines Jagdreviers oder Pirschbezirks. Böschungen und Grünstreifen an bereits länger bestehenden Forststraßen sind Rückzugsorte für viele Tier- und Pflanzenarten. Wildtiere bewegen sich auch auf den Wegen, nutzen die Wärme, nehmen Staubbäder oder äsen die üppige Krautvegetation am Wegesrand. Die forstliche Erschließung bietet in jungen Wäldern oft die einzigen einsehbaren Bereiche zum sicheren Ansprechen und Schießen (der Schuss darf nie auf den Wegekörper selbst erfolgen, Geschosse prallen ab und fliegen weiter!). Reviereinrichtungen, Kirrmaterial, Handgeräte und zahlreiche andere Dinge müssen transportiert werden. Andererseits bedeutet ein Wegeneubau, dass in der Folge Verkehr einsetzen wird. Und damit halten auch Unruhe, Störungen und häufig auch Verschmutzungen etwa durch Müll Einzug in Waldecken, die zuvor etwas abseits ein stilles und stückweit unberührtes Dasein hatten.

Forstliche Wegearten

Die Art des Weges ist abhängig von seiner Beschaffenheit, der Befahrbarkeit und seinem Zweck.

Art des Weges	Beschaffenheit	Befahrung	Zweck
Forststraße	Sehr tragfähige Fahrbahn mit mehrschichtigem Aufbau aus Fremdmaterial	Lkw, Pkw	Zubringung Maschinen und Arbeiter, Holzabfuhr, Hiebsvorbereitung, Jagd
Forstweg	Befestigte Erdwege: Einbringen von Kies zur Befestigung auf blankem Erdboden	Pkw	Hiebsvorbereitung, Jagd
Rückegasse	Von Bäumen befreite Gasse im Wald, Befahrung des unbefestigten Erdbodens	Harvester Forwarder	Holzernte

Wald-schäden

Schäden an Forstpflanzen können durch abiotische, biotische oder anthropogene Faktoren hervorgerufen werden.

Unser Wald ist täglichen Herausforderungen und Gefahren ausgesetzt. In der Regel sind unsere Wälder durchaus resiliente Systeme, d.h., sie erholen sich nach störenden Einflüssen und Schäden relativ rasch und gut. Jedoch gibt es immer mehr Gefahren, an die unser natürliches Waldökosystem nicht angepasst ist und die es zum Schutz des Waldes und zur Erhaltung seiner Funktionen zu vermeiden gilt.

↑ Windschäden teilen sich auf in Windwurf und Windbruch, bei dem die Bäume entlang ihrer Stammachse durchbrechen, wie hier dargestellt.

Abiotische Waldschäden

Schäden an Waldbäumen durch Wind, Frost, Trockenheit, Niederschläge wie Regen, Hagel oder Schnee gehören zu den sogenannten abiotischen Waldschäden, das heißt sie werden nicht durch Lebewesen verursacht.

Unter abiotischen Waldschäden werden alle Schadpotenziale zusammengefasst, die nicht von der belebten Umwelt ausgehen. Sie beziehen sich auf das Klima und auf Wetterereignisse wie Hitze und Trockenheit, Starkregen und Hagel, Blitzschlag, Überschwemmungen, Erdrutsche oder Felsstürze (Gebirgswald).

Wind

Durch Stürme verursachte Schadereignisse gehören hierzulande zu den häufigsten abiotischen Waldschäden. Dennoch haben sie auch positive Effekte, denn Sturmschäden schaffen lichte Bereiche, in denen sich wieder Verjüngung ansamen kann. Sie sind ein wichtiger Faktor für die Einleitung einer neuen Generation an Bäumen in der natürlichen Waldentwicklung in Mitteleuropa. Treten Starkwindereignisse auf, kann es zu großflächigen Kettenreaktionen kommen, die ganze Landstriche in einem Zug »zerstören«. Windschäden teilen sich auf in **Windwurf**, dabei wird der gesamte Baum vom Wind umgedrückt, und **Windbruch**, hier bricht der Baum entlang seiner Stammachse durch. Um Windschäden entgegenzuwirken, ist die Auswahl der Baumart in Bezug auf den Standort das A und O. Dabei ist zu betonen, dass auch tiefwurzelnde Baumarten an einem unpassenden Standort den Boden nicht richtig durchwurzeln und daher ebenfalls gefährdet sind. Die Rotbuche (*Fagus sylvatica*) beispielsweise ist ein Herzwurzler, der sich gut im Boden verankert. Allerdings ist die Buche keine Baumart, die Staunässe im Boden verträgt. Auf solchen Standorten wächst der Hauptanteil der Wurzeln nur bis zum stauenden Bodenhorizont. Je nachdem, wie hoch dieser ansteht, erschließt die Buche in diesem Fall den Boden nur oberflächlich. An einem solchen Standort wäre eine Eiche (*Quercus spec.*) oder Weißtanne (*Abies alba*) die bessere Wahl. Neben der Baumartenauswahl sind die waldbauliche Behandlung vor allem in der Jugend und das Vorgehen bei der Endnutzung wichtig. Große, gesunde Kronen und ein daraus resultierendes üppiges Wurzelwerk sind gegen Stürme besser gewappnet. Langfristig lässt sich insbesondere in großen Forstbetrieben auch die gesamte Betriebsfläche mit Blick auf den Wind und seine Auswirkungen strukturieren. Ordnet man strukturgebende Bestandsglieder entsprechend der Hauptwindrichtung sinnvoll an, erreicht man meist eine gewisse Schutzwirkung für die auf der windabgewandten Seite benachbarten Bestände. Ein unbelaubter Eichenbestand im Winter senkt die Windgeschwindigkeit eines herannahenden Orkans, bevor er auf den nachfolgenden Fichtenbestand trifft. Da sich eine solche Strukturierung

↑ Beim Windwurf wird der gesamte Baum vom Wind umgedrückt und entwurzelt.

des Waldes über Jahrzehnte, teilweise Jahrhunderte erstreckt, ist eine generationenübergreifende Umsetzung nötig. Es sei hier zudem erwähnt, dass diese Strukturen meist auch die notwendige räumliche Ordnung zwischen den Beständen schaffen, um eine reguläre Holzernte sinnvoll durchführen zu können, ohne dass benachbarte Bereiche in den Folgejahren einem erhöhten Risiko ausgesetzt sind.

So wie man Wälder nach forstlichen Kriterien hinsichtlich Starkwindereignissen überprüft, müssen auch jagdliche Gesichtspunkte berücksichtigt werden. Hochsitze können umstürzen, häufig verdreht sie der Wind auch nur, sodass einzelne Schraub- oder Nagelverbindungen ausreißen und der auf den ersten Blick intakte Hochsitz beim Besteigen zur Falle wird. Pirschwege müssen nach Starkwinden stets wieder frei gemacht oder sogar verlegt werden.

Durch Wind geschädigte Waldgebiete werden von Wildtieren unter Umständen für eine geraume Zeit gemieden, insbesondere Schwarzwild kann hier empfindlich reagieren.

Trockenheit

Durch die voranschreitende Klimaveränderung kommt es immer wieder zu unvorhersehbaren, langen Trockenperioden. Zwar haben Böden in Bezug auf die Versorgung der Bäume mit Wasser eine gewisse Pufferkapazität, aber auch diese ist nach einem bestimmten Zeitraum ausgeschöpft. Bäume, die unter Trockenstress leiden, reagieren zuerst mit einem verminderten Wachstum. Ist die Trockenheit länger anhaltend, beginnt der Baum abzubauen, Blätter und Nadeln werden abgestoßen, die Krone wird lichter, bis der Baum im schlimmsten Fall abstirbt. Insbesondere frisch gepflanzte Bäume sind von den Auswirkungen der Trockenheit betroffen. Die jungen Bäume müssen zuerst ihre Wurzeln ausbilden, um dann zur Zeit des Laubaustriebs das frische Laub mit ausreichend Wasser versorgen zu können. Aus diesem Grund ist vor allem Trockenheit in den Frühlingsmonaten ein großes Problem.

Um dem entgegenzuwirken, ist man mittlerweile nicht nur im Landschaftsbau, sondern auch in der Forstwirtschaft dazu übergegangen, Pflanzflächen in Notsituationen zu bewässern. Da dies jedoch bedeutet, dass rares und knappes Wasser in Regionen, in denen unter Umständen die für die Nahrungsmittelproduktion erforderliche Bewässerung sowie die Trinkwasserversorgung der Haushalte bereits eingeschränkt wurden, in den Wald verbracht wird, muss Bewässerung im Wald kritisch bewertet werden. Häufig ist in diesen Situationen eine Bewässerung von Forstkulturen nicht zu rechtfertigen.

Anhaltende Trockenheit, insbesondere wenn zudem die Morgentaubildung ausbleibt, stellt auch die Tiere und Vögel des Waldes vor Probleme. Durch die Anlage von kleinen Teichen kann hier mit einfachen Mitteln große Hilfe geleistet werden. Wiederkäuer können ihren Wasserbedarf relativ lang aus der Grünäsung decken, schöpfen bei Dürre aber auch gerne. Hasen sind auf trinkbares Wasser absolut angewiesen, Häsinnen brauchen, wenn sie säugen, bis zu 3 l Wasser am Tag. Auch sämtliche Vogelarten benötigen frisches Wasser. Wildschweine sind nur in denjenigen Revieren Standwild, in denen ausreichend Wasser in Form von nassen Senken, Teichen, Bächen und Seen vorhanden ist. Trockenheit und in der Folge harte Böden insbesondere im Frühjahr können beim Schwarzwild dazu führen, dass verstärkt pflanzliche Kost auf den Speisezettel kommt, wie Klee, Luzerne, aber auch junges Gras, da die Sauen in der harten Erde keine Nahrung mehr finden. Stark geschädigte Rückegassen mit tief eingefahrenen, wassergefüllten Löchern sind für den forstlichen Betrieb stets ein enormes Ärgernis, entwickeln sich aber davon abgesehen innerhalb kürzester Zeit zu erstaunlichen Ökosystemen.

Frost

Geht es um durch Frost hervorgerufene Schäden, denkt man meist zunächst an landwirtschaftliche Flächen wie z.B. Streuobstwiesen oder Weinberge, aber auch im Wald spielt Frost in unterschiedlichen Varianten eine große Rolle.

Frost hat, vor allem wenn er relativ spät im Frühling auftritt, großes Schadpotenzial. Zu dieser Zeit treiben die Bäume aus und haben die Inhaltsstoffe der Zellsäfte bereits von Winter- auf Sommermodus umgestellt und besitzen daher keine echte Frosthärte mehr. Spätfrost kann die frischen Blätter und Nadeln zerstören, je nach Größe der Pflanze (die Intensität des Spätfrostes ist in den frühen Morgenstunden in Bodennähe am heftigsten) und Dauer der Einwirkung kann auch das zum Tod des Baumes führen. Ausgewachsene Bäume sind eher gegen Spätfrost gewappnet.

Neben Spätfrost kann aber auch eine lang anhaltende Frostperiode (Dauerfrost) Schäden verursachen.

Der Holzkörper friert dabei durch, aufgrund der nun erhöhten Raumforderung des gefrorenen Wassers entstehen Spannungsrisse im Holz. Das führt dazu, dass das Kambium am Ende des Risses aufplatzt und sich sogenannte Frostleisten bilden. Der Baum überwallt die betreffende Stelle zwar mit der Zeit wieder, jedoch können sich dort Pilze ansiedeln, die den Baum mit der Zeit nachhaltig schädigen.

Dauerfrost im Winter macht auch den Wildtieren zu schaffen, die Nahrungssuche wird mitunter extrem erschwert. Das Kronenmaterial von gefällten Bäumen ist dann sehr hilfreich für Pflanzenfresser und lenkt ein wenig von den kleinen Knospen der Verjüngung ab. Wildschweine können nicht mehr im Boden brechen und sind auf masttragende Baumarten wie Buche (*Fagus sylvatica*) und Eiche (*Quercus spec.*) angewiesen. Mit wachsendem Engpass nehmen Sauen dann auch verstärkt Knospen und andere Pflanzenteile wie Brombeerblätter auf.

Überschwemmung und Stauwasser

Lang anhaltende Niederschläge oder Starkregenereignisse (Gewitter) in Trockenphasen können zu Überschwemmungen führen. Das Oberflächenwasser kann aufgrund der ausgetrockneten Böden, die sich hydrophob verhalten und eigentlich erst wieder langsam angefeuchtet werden müssten, nicht schnell genug oder auch gar nicht mehr in den Boden einsickern. Der Regenfall auf sehr bindige Böden aus Feinlehm oder Ton sorgt rasch für eine Sättigung des Bodens mit Wasser, es kommt

↑ **In länger anhaltenden Frostperioden kann es passieren, dass der Holzkörper durchfriert und sich Spannungsrisse mit darauffolgenden Frostleisten bilden.**

zum Wasserstau. In allen Fällen befinden sich die gesamten Baumwurzeln unter Wasser. Nur wenige Baumarten überleben diesen Zustand über längere Zeit. Bäume brauchen für ein gesundes Wachstum auch Bodenluft. Fehlt diese, kann der Baum im schlimmsten Fall absterben.

Bei Zäunungen in Überschwemmungsgebieten müssen immer Rückzugsmöglichkeiten für Wildtiere berücksichtigt werden, da Zäune bei einsetzendem Starkregen bzw. Hochwasser für sie schnell zur Todesfalle werden können.

Hagel

Hagelereignisse sind besonders für Jungpflanzen problematisch. Die kleinen Bäume haben relativ wenig Krone, jedes Blatt und jede Nadel wird für das Wachstum benötigt. Starke Hagelereignisse können große Mengen Laub abschlagen, was die fotosynthetisch aktive Fläche deutlich verringert und zu großen Wachstumseinbußen führen kann.

Schnee

Schnee per se ist für Forstbäume kein Problem. Zur Gefahr wird er allerdings, sobald es sich um Nassschnee handelt. Nassschnee hat ein sehr hohes Gewicht und rieselt im Gegensatz zu feinem Pulverschnee nicht einfach von den Ästen ab. Vor allem Nadelbäume, die im Winter voll bekront sind, laufen Gefahr, durch Nassschnee Schaden zu nehmen. Der Schnee lagert sich auf der Baumkrone ab, häufig biegen sich dabei die Bäume durch das hohe Gewicht des nassen Schnees zur Seite. Hält der Stamm dem Gewicht nicht mehr stand, brechen die Kronen ab. Dieser Vorgang wird als **Schneebruch** bezeichnet. Teilweise schaffen es die Bäume trotz dieser enormen Beeinträchtigung weiterzuwachsen, jedoch ist keine durchgehende Stammachse mehr vorhanden, und die Bruchstelle ist offen, was eine Eintrittspforte für Pilze, pathogene Mikroorganismen und Viren darstellt.

Biotische Waldschäden

Schäden wie verfaulte Wurzeln, abgestorbene Kronen oder ganze Pflanzen, zerstörte Rinde, abgefressene Blätter, deformiertes Wachstum oder entwertetes Holz, die durch Lebewesen hervorgerufen werden, werden biotische Schäden genannt.

Biotische Waldschäden werden durch die lebende Umwelt verursacht. Zu dieser zählen unterschiedliche Tierarten, Pflanzen, Pathogene, Pilze und auch der Mensch. Im Folgenden werden beispielhaft biotische Schaderreger unterschiedlicher Gruppen erläutert.

Echte Pilze

In Bezug auf Pilze und Wald denkt man meist zunächst an schmackhafte Steinpilze oder Parasole, die nach der Revierrunde ihren Weg in die Küche und dann auf den Teller finden. Doch die Bedeutung der Pilze für den Wald liegt jenseits kulinarischer Aspekte. Das Reich der Pilze ist unglaublich vielfältig und faszinierend. Unzählige Strategien und Formen sind hier zu finden. Pilze leben mit und von Bäumen, d.h., sie können einerseits mit Bäumen in einer Symbiose zusammenleben (z.B. Mykorrhiza), andererseits deren Holz zersetzen, sodass die Bäume absterben. Pilze helfen bei der Zersetzung von Laub und Totholz und spielen damit eine große Rolle im Nährstoffkreislauf. Treten Pilze jedoch als Schadorganismus auf, ist es für die Schadvermeidung wichtig, zunächst einmal genau zu verstehen, wie der Pilz im Speziellen funktioniert. Jede Art hat ihre Eigenheiten.

FALSCHES WEISSES STÄNGELBECHERCHEN – ESCHENTRIEBSTERBEN

Das Falsche Weiße Stängelbecherchen ist ein aus Asien eingeschleppter Pilz. In seinem ursprünglichen Verbreitungsgebiet ist der Pilz harmlos und hilft bei der Zersetzung von Laub. In unserem Ökosystem jedoch ernährt sich der Pilz nicht von toter Biomasse, sondern befällt lebende Eschen (*Fraxinus excelsior*). Die Sporen des Pilzes werden über den Wind verbreitet, der Pilz wächst über die Blätter in die Triebe des Baumes. Im Trieb werden die Wasserleitbahnen blockiert, woraufhin die Blätter frühzeitig welken und abfallen. Die Eschen versuchen durch verstärktes Austreiben an den betroffenen Stellen dem entgegenzuwirken, weshalb die Eschenkronen anfangs verbuschen. Auf dem herabgefallenen Laub bilden sich die Fruchtkörper des Pilzes, aus denen neue Sporen entlassen werden, die erneut den Baum befallen. Mit den Jahren sterben immer weitere Teile der Krone ab, bis letztlich der gesamte Baum abstirbt. Als Folgeerscheinung befällt der Hallimasch, ebenfalls ein Pilz, die Wurzel der Esche und löst diese auf. Die Eschen werden instabil und laufen jederzeit Gefahr, umzufallen. Auf den Rinden befallener Eschen sind häufig Fraßspuren von Käfern zu finden. Diese gehören in der Regel zum Bunten Eschenbastkäfer. Dieser profitiert von der Schwächung der Esche durch den Pilz, ist aber nicht Hauptursache für das Absterben der Bäume. Er tritt sekundär an geschädigten Bäumen auf.

Die Esche ist in Mitteleuropa durch das Eschentriebsterben an den Rand ihrer Existenz gedrängt worden. Nur etwa 5 % der Bäume trotzen der durch den Pilz hervorgerufenen Baumkrankheit. Bei starkem Befall sind bereits Jungpflanzen betroffen, was eine Anzucht von Eschen in Baumschulen mittlerweile unmöglich macht. Da die Pilzsporen über den Wind verbreitet werden, ist eine direkte Bekämpfung bislang nicht möglich.

Im Forstbetrieb haben wir einige große Eschenflächen, die unter Dauerbeobachtung stehen. Verschlechtert sich der Zustand merklich, werden die Bäume gefällt und die Flächen im Anschluss mit anderen Laubbaumarten wieder aufgeforstet. Einzelbäume, die sich weiterhin gut entwickeln, belasse ich im Wald, in der Hoffnung, dass sie eine Chance haben, zu überleben. Die Holzernte befallener Eschen ist extrem gefährlich. Die Kronen sind voll mit Totholz, die Wurzeln häufig schon zersetzt, und das Holz ist teilweise faul. Bei der Fällung von Eschen ist aus diesem Grund besondere Vorsicht geboten, und es müssen Sicherheitsfälltechniken zum Einsatz kommen. Am besten wird hier maschinell mit Harvestern gearbeitet.

GEMEINER WURZELSCHWAMM - ROTFÄULE

Der Gemeine Wurzelschwamm gehört zu den Weißfäulepilzen, was bedeutet, dass er in der Lage ist, das im Holz enthaltene Lignin zu zersetzen, zurück bleibt Cellulose. Holz, das von Weißfäulepilzen zersetzt wurde, ist nicht mehr nagelfest, das bedeutet, es eignet sich in keiner Weise mehr für die Herstellung von Schnittholz. In der Regel wird solches Holz nur noch thermisch verwertet. Wenn die Fäuleanteile nicht zu groß sind, ist noch eine stoffliche Verwertung in Spanplatten möglich.

Der Erreger der Rotfäule hat ein sehr großes Wirtsspektrum im Bereich des Nadelholzes und sorgt jährlich für große wirtschaftliche Schäden. Der Gemeine Wurzelschwamm kann Bäume über zwei Wege infizieren. In den meisten Fällen infizieren die Sporen des Pilzes frische Wurzelstöcke, der Pilz beginnt im Wurzelstock zu wachsen und befällt durch Wurzelverwachsungen auch benachbarte lebende Bäume. Der Pilz wächst daraufhin über die Wurzeln in den Baumstamm und beginnt diesen von innen zu zersetzen. Im Fall der Fichte (*Picea abies*) bleibt der Pilz im Kernholz, was dazu führt, dass die Bäume bruchgefährdet sind. Der zweite Weg eines Befalls mit dem Pilz führt über Wunden in der Rinde. Auch hier können die Sporen andocken und den Baum befallen. Mit der Zeit bilden sich am befallenen Baum als Baumpilz sichtbare braune Fruchtkörper mit weißem Rand. Diese entlassen wiederum Sporen, die vom Wind mehrere Hundert Kilometer weit verbreitet werden können. Den Namen »Rotfäule« hat der Pilz bekommen, da das von ihm zersetzte Holz im Stamm eine rötliche Farbe annimmt. In manchen Holzpoltern sind diese gut zu erkennen.

↑ **Der Befall mit dem Gemeinen Wurzelschwamm führt zur Bildung der sogenannten Rotfäule, die den Baum von innen her zersetzt.**

Da der Pilz großflächige Forstschäden verursacht, ist eine Vermeidung der Ausbreitung besonders wichtig. Beim Gemeinen Wurzelschwamm gibt es die Möglichkeit, frische Wurzelstöcke zu behandeln. Dies ist zum einen auf chemischem Wege möglich, zum anderen kann man den Wurzelstock auch rechtzeitig mit einem ungefährlichen Weißfäulepilz besiedeln, sodass der potenzielle Angriffsort für den Wurzelschwamm bereits besetzt ist. Die häufigste Methode ist jedoch die Bepflanzung der betroffenen Fläche nach der Endnutzung mit Laubholz, da der Erreger diese Bäume nicht befällt.

Insekten

Insekten können besonders bei Massenvermehrungen große Schäden an Bäumen verursachen. Sie befallen unterschiedliche Baumteile. Dabei sind verschiedene Entwicklungsstadien der Insekten ursächlich für die Schäden.

BUCHDRUCKER

Das aktuell wohl bekannteste Schadinsekt ist der Buchdrucker. Trockene Bedingungen und Wärme unterstützen seine massenhafte Entwicklung.

↑ Der Buchdrucker verdankt seinen Namen dem Fraßbild, bei dem die Fraßgänge wie die Seiten eines Buches vom Muttergang abzweigen.

↑ Zum Zeitpunkt des Einbohrens sind die Fichten noch grün. Beginnt der Larvenfraß, färben sich die Nadeln rot und rieseln ab.

Der Buchdrucker gehört zu den rindenbrütenden Insekten. Das heißt, einen großen Teil seiner Entwicklung verbringt der Käfer in der lebenden Schicht der Baumrinde. Im Frühling schwärmen die adulten Tiere aus und bohren sich in die Rinde von Nadelbäumen, vorwiegend Fichten (*Picea abies*). Dort paaren sich die Käfer und legen anschließend ihre Eier ab. Die Larven fressen im lebenden Teil der Baumrinde Gänge, verpuppen sich und bohren sich als fertig entwickelte Käfer wieder von innen durch die Rinde nach außen. Je nach Witterung können so Bäume innerhalb eines Jahres von mehreren Generationen des Buchdruckers befallen werden. Die Fraßgänge der Larven unterbrechen die Leitbahnen im Baum, die die Wurzeln mit Assimilaten versorgen. Dadurch wird der Wassertransport in die Baumkrone gestört, woraufhin der Baum vertrocknet und abstirbt. Die Fichten sind bei Befallsbeginn im Stadium des Einbohrens noch grün und benadelt. Beginnt der Larvenfraß, färben sich die Nadeln rot und rieseln ab. Im weiteren Verlauf

↓ Feines braunes Bohrmehl, das in Rindenschuppen oder am Stammfuß in Spinnennetzen hängenbleibt, ist ein sicherer Hinweis auf den Buchdrucker.

↑ Das Fraßbild des Kupferstechers ist sternförmig. Von einer zentralen Rammelkammer ausgehend, verzweigen sich die Larvengänge nach außen hin.

→ Der Große Braune Rüsselkäfer verursacht den typischen Pockennarbenfraß. Es handelt sich um rundliche Eintiefungen der Rinde, besonders in der Nähe des Wurzelhalses.

platzt die Baumrinde ab. Seinen Namen hat der Buchdrucker vom charakteristischen Aufbau seines Fraßbildes erhalten, bei dem die Fraßgänge der Larven seitlich wie bei den Seiten eines Buches vom Muttergang abzweigen. Es ähnelt also in gewisser Weise einem gedruckten Buch.

Um den Befall durch den Borkenkäfer zu minimieren, ist es wichtig, befallene Bäume in dem Stadium zu erkennen, in dem sich die Käfer gerade einzubohren beginnen, um die Rammelkammer, also den Paarungsraum, anzulegen. In diesem Fall hat man die Chance, die Käfer mit einer zügigen Fällung und dem direkten Abtransport des Baumes aus dem Wald zu entfernen, bevor sich die Larven entwickeln und eine neue Generation ausfliegt. Diese Bäume lassen sich herausfinden, indem man nach dem Bohrmehl der Käfer Ausschau hält. Die Kronen dieser Bäume sind in diesem Stadium noch grün und dienen daher nicht als Anhaltspunkt. Bohren sich die adulten Käfer in die Rinde ein, rieselt feines braunes **Bohrmehl** aus dem Bohrloch, das in den Borkenschuppen und besonders am Stammfuß im Bereich der Wurzelanläufe hängen bleibt oder auf Blättern und in Spinnennetzen im Umkreis des befallenen Baumes zu finden ist. Werden betroffene Bäume gefunden, müssen diese so schnell wie möglich gefällt und abtransportiert werden. Das Kronenmaterial wird im Idealfall ebenfalls aus dem Wald entfernt oder in die Rückegasse eingebaut und dort überfahren und gequetscht, damit sich die in der Rinde enthaltenen Käfer nicht weiterentwickeln können und kein brutfähiges Material im Wald zurückbleibt.

Beispielsweise im Hochgebirge kann die Situation eintreten, dass ein Abtransport des Holzes nicht möglich ist. In diesem Fall werden die Bäume zum Schutz des Waldes in einem aufwendigen Verfah-

Wissenswertes

Der Buchdrucker ist nur eine von vielen rindenbrütenden Käferarten, obschon die forstlich wichtigste und gefährlichste. Viele andere Baumarten können ebenfalls von diversen Borkenkäferarten befallen sein, die ebenfalls große Schäden verursachen können.

ren von Hand mit einem Schäleisen oder alternativ mit Aufsätzen für die Motorsäge entrindet. Einnahmen durch das Holz bleiben in diesem Fall aus.

KUPFERSTECHER

Neben dem Buchdrucker gibt es noch zahlreiche andere rindenbrütende Schadinsekten in unseren heimischen Wäldern. Einer von ihnen ist der Kupferstecher. Ähnlich wie der Buchdrucker befällt er Nadelholz und ist dabei ebenfalls meist an Fichten zu finden. Im Unterschied zum Buchdrucker befällt er allerdings keine großen Stammdurchmesser. In der Regel ist er in jungen Bäumen zu finden, in älteren Bäumen befällt er Kronenteile. Das Fraßbild in der Rinde ist sternförmig. Von einer zentralen Rammelkammer ausgehend, verzweigen sich die Larvengänge nach außen hin. Das Schadbild zeichnet sich bei großen Nadelbäumen durch dürre Baumspitzen aus, kleinere Nadelbäume werden durch den Kupferstecher letal, d.h. tödlich, beschädigt und sterben schließlich ab.

Häufig werden auch Hochsitzstangen aus Rundlingen vom Kupferstecher befallen. Entfernt man die trockene Rinde von Leiterholmen und Stützen, begegnet einem hier und da das sternförmige Fraßmuster. Aus diesem Grund sollten für den Hochsitzbau nur geschälte Stangen oder Kanthölzer verwendet werden.

GROSSER BRAUNER RÜSSELKÄFER

Der Große Braune Rüsselkäfer ist ein bedeutendes Schadinsekt in Forstkulturen. Er entwickelt sich vor allem in frischen Nadelholzstöcken und befällt dann auf der Fläche befindliche junge Nadelbäume und vereinzelt auch Laubbäume. Der Jungkäfer frisst im Zuge seines Reifungsfraßes die Baumrinde der Jungbäume. Bei starkem Befall führt das zum Absterben der Pflanzen. Das Fraßbild des Rüsselkäfers ist an rundlichen Eintiefungen in der Rinde der Jungpflanzen, besonders in der Nähe des Wurzelhalses, zu erkennen. Die vom Käfer verursachten Eintiefungen in der Rinde ähneln Pockennarben, weshalb dieses Fraßbild auch als **Pockennarbenfraß** bezeichnet wird.

EICHEN-PROZESSIONSSPINNER

Der Eichen-Prozessionsspinner ist ein Schadinsekt aus der Ordnung der Schmetterlinge, das die

↑ **Die Brennhaare der Eichen-Prozessionsspinner-Raupen sind nicht nur für die befallenen Bäume, sondern auch für Menschen und Hunde gefährlich.**

letzten Jahre aufgrund von Massenvermehrungen eine große Rolle spielt. Neben Schäden an Bäumen stellt das Insekt im Larvenstadium auch eine Gefahr für den Menschen dar.

Im Frühling schlüpfen die Raupen des Eichen-Prozessionsspinners im Kronenbereich von Eichen (*Quercus spec.*), selten auch an anderen Laubgehölzen. Die Wanderungsbewegungen der Raupen auf dem Baum sind namensgebend: Raupe an Raupe gereiht, bewegen sich die Tiere wie bei einer Prozession vorwärts. Die Nahrung der Raupen besteht aus den Blättern der Bäume. In sehr starken Befallsjahren oder bei mehrjährigem Auftreten wird der Baum dadurch geschädigt oder kann bei einem Kahlfraß auch absterben. Eine Gefahr für den Menschen und auch Tiere (z.B. Hunde) geht von den Brennhaaren der Raupen aus. Lose Brennhaare können vom Wind verweht werden. Berühren sie die Haut, ist mit starken Hautreizungen zu rechnen. Beim Einatmen der Haare können Asthma und starker Husten die Folge sein. Sind ganze Waldbestände betroffen, ist im weiteren Umkreis der Bäume durchgehend mit diesen Gefahren zu rechnen, da alte Gespinste auf den Bäumen hängen bleiben und eine permanente Gefahrenquelle darstellen. Auch beim Besteigen von jagdlichen Ansitzeinrichtungen in der Nähe von Eichen muss auf den Eichen-Prozessionsspinner geachtet werden.

↑ **Rund um den Fundort des Asiatischen Laubholzbockkäfers wird eine Quarantänezone eingerichet, die je nach Entfernung bestimmte Maßnahmen vorsieht.**

ASIATISCHER LAUBHOLZBOCKKÄFER

Wie sein Name schon sagt, handelt es sich bei diesem Käfer um kein einheimisches Tier. In qualitativ minderwertigen Paletten zum Transport von Granit aus China nach Deutschland kam der Käfer aus Asien nach Mitteleuropa. Von den Pflasterbaustellen und Containerumschlagplätzen ausgehend, befällt der Käfer nahezu alle gängigen Laubbaumarten, vom Ahorn (*Acer spec.*) bis zur Linde (*Tilia spec.*). Dabei ist es dem Käfer einerlei, ob sich der Laubbaum in einem Garten, Park oder im Wald befindet. Der Entwicklungszyklus vom Ei bis zum ausgewachsenen Käfer dauert zwei Jahre. Die Eier werden auf den Laubgehölzen abgelegt, dort schlüpfen die Larven und fressen sich in das Holz. Die Larven verpuppen sich schließlich im Holz, der fertige Käfer bohrt sich später wieder von innen durch die Rinde nach außen und sucht sich neue Bäume zur Eiablage. Im Baum können durch den Larvenfraß derart große Schäden entstehen, dass nicht nur das Holz entwertet wird, sondern der ganze Baum abstirbt.

Der Asiatische Laubholzbockkäfer (kurz ALB) zählt zu den meldepflichtigen Quarantäneschädlingen. Sein Fund oder der Fund von Lebensspuren, wie z.B Eiablagestellen oder Ausbohrlöcher, muss unverzüglich dem amtlichen Pflanzenschutzdienst gemeldet werden. Wird an einem Ort der ALB festgestellt, wird rund um den Fundort eine Quarantänezone eingerichtet, die je nach Entfernung zum Befallsort andere Maßnahmen zur Bekämpfung und Vorsorge vorsieht. Die Zone ist durch Schilder für jeden sichtbar markiert. Direkt rund um den Fundort (100 m Umkreis) müssen alle potenziellen Wirtsbäume sofort gefällt und gesondert entsorgt werden. In einem weiter umfassenden Gebiet (Pufferzone von 2 km Umkreis rund um den Fundort) greift dann ein Monitoring. Alle Wirtsbäume werden mehrmals jährlich am Boden mit Mensch und Spürhund oder vom Baum aus durch Baumkletterer kontrolliert. Zusätzlich wird auch mit Pheromonfallen gearbeitet. Das Monitoring dauert so lange an, bis über zwei Käferzyklen hinweg (also vier Jahre) kein Befall und kein Nachweis mehr festgestellt werden kann, das Gebiet also offiziell als befallsfrei gilt. Erst dann können die Quarantänezonen aufgehoben werden. Der ALB gilt als einer der gefährlichsten Laubholzschädlinge weltweit, weshalb seine Bekämpfung und Eindämmung oberste Priorität hat.

KIEFERNEULE

Dieser orangerote Falter ist ein Schmetterling (Nachtfalter) aus der Familie der Eulenfalter. Er fliegt im Frühling bis etwa Juni. Zu dieser Zeit legt der Falter seine Eier auf den Nadeln von Kiefern ab. Sobald die grün-weiß gestreiften Raupen geschlüpft sind, ernähren sie sich von den Kiefernnadeln. Bei massenhaftem Auftreten (ein Weibchen kann weit über 100 Eier legen) kann die Kronenverlichtung durch den Larvenfraß zu einer starken Schädigung der Bäume bis hin zum Absterben ganzer Kiefernwälder führen.

NONNENSPINNER

Ein weiteres Schadinsekt aus der Ordnung der Schmetterlinge ist der Nonnenspinner. Entscheidend ist auch hier das Larvenstadium. Die Raupen schlüpfen an der Baumrinde vorwiegend von Waldkiefern (*Pinus sylvestris*) und Fichten (*Picea abies*), aber auch an unterschiedlichen Laubgehölzen. Zum Fressen wandern die Raupen in die Baumkrone und ernähren sich dort von den Knospen, Nadeln und Blättern. Bei massenhaftem Auftreten wird nahezu das gesamte Blatt-/Nadelwerk ausgewachsener Bäume vom Nonnenspinner gefressen. Nicht letal geschädigte Bäume werden durch die fehlende fotosynthetisch aktive Fläche geschwächt und sind dadurch anfälliger für andere Schadinsekten oder Baumkrankheiten. Eine Bekämpfung des Nonnenspinners ist sehr schwierig. Bei starkem Befall gibt es die Möglichkeit, im Frühling Pflanzen mit einem chemischen Spritzmittel zu behandeln, das die Larven des Nonnenspinners tötet. Jedoch sind Spritzmittel mit Zulassung für den Wald sehr selten, und der Einsatz von Spritzmitteln in zertifizierten Wäldern ist ohnehin untersagt. Vorbeugend kann man darauf achten, dass man großflächige Kiefernreinbestände vermeidet und mit Mischbaumarten arbeitet.

Beispiele für weitere wichtige forstliche Schadinsekten: Weißtannentrieblaus, Großer Pappelbock, Krummzähniger Tannenborkenkäfer, Waldmaikäfer, Eichenwickler

Säugetiere

Nicht nur Insekten können Schäden an Bäumen verursachen, auch verschiedene Säugetiere ernähren sich vor allem von jungen Waldbäumen und fügen ihnen dadurch Schaden zu.

MÄUSE

Die verschiedenen Mäusearten können sowohl ober- als auch unterirdisch große Schäden an Bäumen verursachen. Eine besondere Rolle kommt hier der **Rötelmaus** zu. Die Rötelmaus ernährt sich während des ganzen Jahres von Kräutern, Früchten und Gräsern. Mit Ende der Vegetationsperiode fällt naturgemäß ein Großteil der Nahrung der Rötelmaus weg. Aus diesem Grund nutzt sie andere

↑ Die wellige Oberfläche der Fraßspuren auf der Rinde verrät, dass hier Mäuse am Werk waren.

Nahrungsquellen wie Sämereien, Knospen und Baumrinde. Bei massenhaftem Auftreten von Rötelmäusen entrinden sie Bäume auf den unteren 20 cm nahezu vollständig, was zum Absterben der Bäume führt. Besonders Flächen mit viel Gras, wie es sie häufig bei Wiesenerstaufforstungen gibt, bieten einen idealen Lebensraum für Mäuse und fördern eine große Population. Daher kommt auch der Merkspruch: »Gras, Maus, aus«.

Schäden durch Mäuse erkennt man an der welligen Oberfläche, die die Fraßspuren auf der Rinde hinterlassen. Bei genauem Hinsehen sind stellenweise auch die Abdrücke der Schneidezähne an den einzelnen Bissstellen zu erkennen. Verbissstellen an Knospen sind immer glatt, da sich die messerscharfen Nagetierzähne mühelos durch das Gewebe schneiden.

FELDHASE

Zum Nahrungsspektrum von Feldhasen gehören auch junge Triebe, vorwiegend von Sträuchern und Laubgehölzen. Wird bei Pflanzungen der Leittrieb von Hasen abgebissen, kann dies zu einem stark verzögerten und teilweise deformierten Wachstum führen. Hasenverbiss am Leittrieb erkennt man an einer glatten Schnittkante. Es sieht fast so aus, als hätte jemand die Pflanze in geringer Höhe über dem Boden mit einer Gartenschere abgeschnitten. Die Verbisshöhe bei Hasen kann die Körpergröße des Tieres deutlich überschreiten. Da Hasen sich auf die Hinterläufe stellen können und fest liegender Schnee die Reichhöhe zusätzlich steigert, können sie Triebspitzen deutlich über 1 m über dem Boden erreichen.

WIEDERKÄUER

Forstschäden durch Wiederkäuer lassen sich unterteilen in Verbissschäden, Fege- und Schlagschäden sowie Schälschäden.

Verbissschäden werden von allen jagdbaren Wiederkäuern verursacht, aufgrund der speziellen Nahrungsstrategie gehen besonders viele Schäden auf das Rehwild (Konzentratselektierer) zurück. Dabei werden junge Triebe vor allem von kleinen Bäumen abgefressen. Ist der Leittrieb betroffen, kann dies zu unerwünschten Verzweigungen der Pflanze und einem deutlichen Wachstumsrückstand führen. Der Schalenwildverbiss lässt sich in Sommer- und Winterverbiss unterteilen, wobei im Winter gleichwohl Nadelgehölze wie Laubgehölze betroffen sind, im Sommer vor allem Edellaubholz. Aufgrund der fehlenden Schneidezähne im Oberkiefer der Wiederkäuer lässt sich der Verbiss relativ gut zuordnen. Die abgebissene Stelle ist häufig gequetscht und zottelig ausgefranst, da die Knospe vom Rehwild im Gegensatz zu Nagetieren und Hasen nicht scharfkantig abgebissen, sondern abgerupft wird. Je nach Wildart ist der Verbiss in unterschiedlichen Höhen zu finden.

↑ Ist Rehwild der Verursacher, ist die Verbissstelle häufig gequetscht und zottelig ausgefranst.

← Um einzelne junge Pflanzen vor Verbiss zu schützen, können sie mit einer speziellen Wuchshülle versehen werden.

← ← Wird der Leittrieb verbissen, kann das zu unerwünschten Verzweigungen und Verwachsungen führen.

↑ Baumschutzgitter sind eine von mehreren Möglichkeiten, junge Waldbäume vor Verbiss durch Wiederkäuer zu schützen.

↑ Auch Duftstoffe, wie hier z.B. als Emulsion in Verbindung mit Schafwolle aufgetragen, wirken abschreckend.

↓ Verbissschutzklemmen werden an der Terminalknospe zum Schutz des Leittriebs befestigt, müssen aber jedes Jahr verschoben werden.

Um Jungbäume vor Verbiss zu schützen, gibt es unterschiedliche direkte und indirekte Maßnahmen, die ergriffen werden können. Eine wichtige Maßnahme ist die Aufwertung der Äsung im umliegenden Gebiet. Hier spielt vor allem die Anlage von Wildäckern eine Rolle. Durch Schaffung von Äsungsmöglichkeiten im Umfeld wird der Druck auf die Kulturflächen reduziert. Eine weitere Strategie ist das großflächige Arbeiten. Bepflanzt man in einem Durchgang eine größere Fläche, gibt es die Möglichkeit, dass sich der Verbiss auf die größere Menge der Pflanzen verteilt und so punktuell keine Lücken entstehen. Langfristig kann auch waldbaulich der Verbiss in die Betrachtungen und Planungen einbezogen werden, indem man bei der Baumartenwahl und Strukturierung des Waldes gezielt auf die Bedürfnisse der Wildtiere eingeht und z. B. Inseln mit Baumarten einbringt, die eine gute Äsungsgrundlage sicherstellen.

Neben den planerischen Möglichkeiten können die Pflanzen auch direkt geschützt werden. Eine jagdliche Methode in diesem Zusammenhang ist die Schwerpunktbejagung. Das bedeutet, dass das Jagdgeschehen auf die Flächen konzentriert wird, die als Risikobereiche gelten. Im Gegenzug lässt man in nicht risikobehafteten Bereichen Jagdruhe einkehren, um das Wild in diesen Bereichen zu halten. Neben der Bejagung können die einzelnen Pflanzen auch mechanisch geschützt werden. Neben den bereits angesprochenen **Wuchshüllen** und **Baumschutzgittern** sowie dem **Zaun** gibt es z.B. auch **Verbissschutzklemmen** aus Kunststoff oder Metall, die an der Terminalknospe (das ist die Knospe an der Spitze des Baumes, die für das Höhenwachstum benötigt wird) befestigt werden. Allerdings müssen sämtliche Klemmen jedes Jahr verschoben werden, da der Baum den Klemmen entwächst. Das bedeutet einen hohen Arbeitsaufwand. Zusätzlich müssen die Klemmen nach ihrer Verwendung abgebaut und entsorgt werden. Neben dem mechanischen Schutz ist auch die Arbeit mit vergrämend wirkenden **Duftstoffen** möglich. Zu nennen sind hier Emulsionen auf der Basis von Schafwollfett. Neben diesen gibt es auch Duftstoffe, die z.B. den Schweißgeruch von Menschen chemisch nachahmen. Die Arbeit mit Gerüchen hat den Vorteil, dass sie mit weniger Arbeitsaufwand betrieben werden kann und zudem kein Müll auf der Fläche anfällt. Allerdings muss sie zum Schutz vor Sommer- und Winterverbiss zweimal im Jahr erfolgen.

Neben den Verbissschäden treten an Jungpflanzen auch **Fegeschäden** und **Schlagschäden** auf. Fegeschäden entstehen durch Geweihträger gegen Ende der Geweihbildung beim Abstoßen der Basthaut. Die Tiere reiben ihren Kopfschmuck an jungen Gehölzpflanzen bis ins Dickungsstadium. Die Baumrinde der Jungpflanzen platzt dabei ab. Der in der Folge offen liegende Holzkörper ist nun Angriffspunkt für Pilze und pathogene Mikroorganismen. Wird die Rinde an einer Stelle rund um die gesamte Stammachse abgefegt, stirbt die Pflanze ab. Neben Fegeschäden treten auch Schlagschäden auf, auch diese können sowohl von Geweih- als auch von Gehörnträgern wie etwa der Gams stammen. Das Geweih oder die Krucke wird beim Schlagen zur Markierung des Reviers ähnlich dem Fegen an jungen Bäumen gerieben, die Schäden sind vergleichbar. Fege- und Schlagschäden lassen sich relativ leicht erkennen. Die Baumrinde hängt meist ausgefranst zur Seite, in der Mitte des Schadbereichs wird am Stamm blankes Holz sichtbar. Wichtig ist die Einschätzung, ob es sich um frische Schäden oder um Schäden aus dem vergangenen Jahr handelt. Sind die Schäden älter, ist der offen liegende Holzkörper bereits vergraut. Bei einem frischen Fege- oder Schlagschaden leuchtet das Holz hell und glänzend hervor.

Schwarzwild ist zwar kein Wiederkäuer, verursacht jedoch bei der Körperpflege ähnlich schwere

Schäden. Im Bereich stark frequentierter Suhlen etwa scheuern sich Sauen nach ihrem Suhlebad an den Malbäumen, dadurch können in der Folge ganze Baumgruppen absterben.

Um Jungbäume vor Fege- und Schlagschäden zu schützen, ist neben einer Schwerpunktbejagung ein genaues Augenmerk im jagdlichen Kontext auf die Sozialstruktur der jeweiligen Wildart zu legen. Da bei unausgewogener Altersstruktur und einem Überhang der Jugendklasse viele Einstandskämpfe ausgefochten werden, treten verstärkt Fegeschäden auf. Nutzt man auf der einen Seite die Territorialität einer Wildart, indem man vollkräftige Individuen stehen lässt, die dann ihr Revier behaupten, und greift auf der anderen Seite in der Jugendklasse verstärkt ein, können Fegeschäden deutlich minimiert werden. Erlegt man beim Rehwild z.B. den Platzbock, wird es erneut zu Einstandskämpfen kommen, und das Maß der Fegeschäden steigt wieder. Ältere Rehgeißen helfen durch ihre ausgeprägte Territorialität bei der Vermeidung von Verbissschäden.

Aber auch ein mechanischer Schutz der einzelnen Pflanzen ist möglich. Hier gibt es z.B. **Fegeschutzspiralen** oder **Igelbäume**. Fegeschutzspiralen sind Kunststoffkringel, die an der Jungpflanze um die Stammachse gewickelt werden. Sind die Pflanzen dick genug (etwa armdick), müssen sie entfernt und entsorgt werden. In den Spiralen sammelt sich häufig von Ameisen aufgeschichtetes Erdmaterial, was manche Baumarten zur Bildung von Luftwurzeln animiert, die dann durch die Kreisöffnungen der

↑ **Auch Fege- oder Schlagschäden von Geweih- und Gehörnträgern können die Pflanze zum Absterben bringen.**

↑ Beim Schälen ziehen Wildwiederkäuer (kein Rehwild!) die Rinde vor allem von jüngeren Bäumen im Stangenholzalter ab.

Spirale wachsen und ein einfaches Abnehmen des Kunststoffs nicht mehr möglich machen. Zudem wird das Material mit der Zeit brüchig und lässt sich dann nicht mehr in einem Stück entfernen. An den Bruchstellen entstehen scharfe Kanten, an denen man sich schneiden kann, deshalb sollte man die Spiralen nur mit Handschuhen entfernen.

Igelbäume sind Vorrichtungen aus Holz oder Metall, an deren senkrechter Mittelachse seitlich herausstehende waagrechte Spitzen angebracht sind. Die Igelbäume werden neben die Stammachse der Jungpflanze gesteckt und verhindern, dass das Wild mit dem Geweih oder dem Gehörn an die Stammachse herankommt. Doch auch die Igelbäume müssen, wenn sie ihren Verwendungszweck erfüllt haben, dringend abgebaut werden, da sie sonst in den Baum einwachsen können. Im Übrigen stellen Igelbäume eine erhebliche Verletzungsgefahr für Wildtiere, Jagdhunde und auch für uns Menschen dar.

↑ Fegeschutzspiralen werden zur Vermeidung von Fegeschäden um die Achse der jungen Stämmchen gewickelt.

↑ Sogenannte Igelbäume verhindern, dass das Wild mit dem Geweih oder Gehörn an die Stammachse herankommt.

Schälschäden können ähnlich wie Verbissschäden sowohl im Winter als auch im Sommer auftreten. Nicht alle Wiederkäuerarten schälen Bäume, Rehwild beispielsweise schält nicht. Die häufigsten Schälschäden gehen auf Rotwild zurück, aber auch Dam-, Muffel- oder Sikawild schält. Beim Schälen ziehen die Tiere die Rinde vor allem jüngerer Bäume im Stangenholzalter ab. Dabei wird der Holzkörper freigelegt, und der Baum ist damit anfällig für Krankheiten und Pilze, was zu einer Entwertung des Holzes führt; im Fall von Schälschäden, die einmal rund um die gesamte Stammachse des Baums reichen, sogar zum Tod des Baumes. Im Sommer stehen die Bäume »im Saft«, wodurch sich die Rinde besonders leicht löst.

Bei den Maßnahmen zur Vermeidung von Schälschäden kann neben angepassten jagdlichen Strategien mit vergrämenden Duftstoffen gearbeitet werden. Außerdem ist ein Umwickeln der Bäume mit unterschiedlichen Geweben möglich. Diese Methode ist allerdings sehr arbeitsaufwendig, und es fällt dabei eine große Menge Abfall an. Werden die Gewebe nicht rechtzeitig entfernt, besteht die Gefahr, dass sie in die Baumrinde einwachsen.

Haustiere – Waldweide

Viele Hundert Jahre war es üblich, Vieh zur Beweidung nicht nur auf Wiesen und waldfreie Almen zu treiben, sondern auch in den Wald. Der auf diese Weise als Weide genutzte Wald nennt sich **Hutewald**. Für die Weidetiere bedeutet die Waldweide unter anderem ein angenehmes Klima im Sommer, aber auch lichtliebende Insekten und Pflanzenarten profitieren davon. Nachteil dieser Bewirtschaftungsform sind Tritt- und Verbissschäden, je nach Tierart auch Schälschäden an den Bäumen. Trittschäden entstehen dort, wo durch zu starke Beweidung der Bodendruck durch die Huftritte der Tiere so hoch ist, dass der Boden partiell verdichtet wird. Das führt dazu, dass sich die Krautschicht entmischt oder nur noch schlecht wächst und das Bodenleben, z.B das Vorhandensein von Regenwürmern, beeinträchtigt wird. Um derartige Schäden zu vermeiden, spielt die Wahl der im Wald eingesetzten Weidetierrassen eine wichtige Rolle. Ein Beispiel für eine erfolgreiche Waldweide ist das Shropshire-Schaf. Diese Schafrasse verbeißt und schält keine Forstbäume und kann auch ohne einzeln geschützte Bäume für die Waldweide eingesetzt werden. In der Praxis wird die Waldbeweidung allerdings so gut wie nicht mehr durchgeführt. Vereinzelt gibt es Naturschutzprojekte, die eine mögliche Förderung der Waldweide in den Fokus nehmen. Um ein Beispiel zu nennen, werden innerhalb des Naturschutzgroßprojektes Senne und Teutoburger Wald seit 2011 erfolgreich Waldflächen der Wistinghauser Senne mit Schottischen Hochlandrindern und mit Exmoor-Ponys beweidet. Die Tiere helfen seither erfolgreich, das offene Waldbild zu schützen und seltene, lichtliebende Kräuter zu fördern.

Phytophthora-Pathogene

Phytophthora-Erreger sind in der Landwirtschaft schon länger bekannt, ihre Schadwirkung in der Forstwirtschaft hat sich in den letzten Jahren verstärkt, weshalb sie nun auch hier vermehrt erforscht werden. Phytophthora-Pathogene verhalten sich ähnlich wie Pilze, sind aber näher mit Algen verwandt. Sie gehören nicht zu den Echten Pilzen, sondern zu den Eipilzen. In der Wissenschaft ist ihre exakte Einteilung noch nicht abschließend festgelegt.

Phytophthora sind in Mitteleuropa meist bodenbürtig und befallen an Gehölzen das Wurzelsystem und die Stammbasis. Zu den Schadsymptomen zählen Nekrosen (Wucherungen), Schleimfluss an der Rinde und Welke. Phytophthora können in kurzer Zeit Bäume letal schädigen. Eine Bekämpfung ist aufgrund der Unsichtbarkeit der Strukturen, mit denen der Organismus Schäden verursacht, und

↑ **Misteln sind eine Art Parasit, deren Samen über Vögel verbreitet werden. Sie entziehen den Wirtsbäumen Wasser und Nährstoffe.**

des noch großen Forschungsbedarfs bisher kaum möglich. Erkennbar wird ein Befall erst, wenn die Bäume mit Symptomen reagieren, ist dies der Fall, ist eine Bekämpfung zur Rettung der Bäume nicht mehr möglich. Ein Befall von Phytophthora im Wald wurde in Mitteleuropa bisher vor allem an Schwarzerle (*Alnus glutinosa*), Rotbuche (*Fagus sylvatica*) und Eiche (Quercus spec.) festgestellt.

Pflanzen

Im Zusammenhang mit pflanzlich verursachten Waldschäden sind insbesondere Misteln zu nennen. **Misteln** sind Pflanzen der Gattung Viscum und umfassen Arten, die sowohl Nadel- als auch Laubgehölze befallen. Misteln verbreiten sich über Vögel. Die Mistel bildet in klebriges Fruchtfleisch gehüllte Samen, die von Vögeln gefressen werden. Teile der Mistelfrüchte bleiben am Schnabel des Vogels haften und werden an einem anderen Sitzplatz abgestreift. Die Samen verteilen sich so innerhalb der Baumkrone und werden auch auf andere Bäume übertragen. Aus dem Samenkorn dringen Wurzelspitzen durch die Rinde bis zum Holzkörper vor. Erst wenn diese Wurzelspitzen im Folgejahr vom neu gebildeten Jahrring eingeschlossen sind, beginnt die Entwicklung des Triebes und der Blätter. Die Mistel wächst nicht ins Holz, sondern lässt sich vom Baum einwachsen. Außerhalb des Astes bildet die Mistel immergrünes Laub, mit dem sie Fotosynthese betreiben kann. Das bedeutet, dass die Mistel halbparasitär lebt. Sie kann sich sowohl über ihr Laub ein Stück weit selbst versorgen, erhält allerdings Wasser und Nährstoffe aus dem Baum, auf dem sie lebt. Insbesondere in Trockenjahren kann ein starker Mistelbefall für den Baum einen Wasserentzug bedeuten, der im schlimmsten Fall zum Absterben von Einzelbäumen führt. Zusätzlich kann das Holz des Baumes je nach Ansatzpunkt der Mistel entwertet werden.

Misteln sind zudem ein Problem in Obstgehölzen und finden ihren Weg auch in Kronen von Gartenbäumen. Deshalb sollte man immer ein Auge auf die Bäume haben, um bei einem Befall schnell reagieren zu können.

Oftmals braucht es langjährige Erfahrung, um den Verursacher des Schadens bestimmen zu können. Einige Fälle sind knifflig und auch für mich manchmal noch Tüftelarbeit.

BEATRICE JÄGER

Anthropogene Waldschäden

Außer wetter- bzw. klimabedingten (abiotischen) Waldschäden und Schäden, die durch Lebewesen entstehen (biotische), gibt es Schadereignisse, die auf den Einfluss des Menschen zurückzuführen sind und oftmals ein globales Ausmaß annehmen.

Neben in der Natur begründeten Schadquellen für den Wald gibt es auch Schäden, die in ihrem Auftreten ausschließlich auf den Menschen zurückzuführen (anthropogen) sind.

Schäden durch Luftschadstoffe

Im Zusammenhang mit Luftschadstoffen wurde in den 1980er-Jahren ein für die Zukunft prognostiziertes »Waldsterben« propagiert. Vor allem an Weißtannen (*Abies alba*) wurden lichte Kronen und gelblich verfärbte Nadeln beobachtet, die längere Zeit auf keine erkennbare Ursache zurückzuführen waren. Die Lage spitzte sich zu, als auch bei weiteren Nadelbaumarten und Laubgehölzen Schäden festzustellen waren und erste abgestorbene Bäume registriert wurden. Daraufhin wurde die Ursachenforschung zentraler Punkt in der Wissenschaft. Eine der angestellten Vermutungen bezog sich auf die Auswirkungen von verunreinigter Luft. Luftuntersuchungen ergaben auffällig hohe Konzentrationen an Stickoxiden und Schwefeldioxid. Schwefeldioxid ist ein Luftschadstoff, der bei der Verbrennung fossiler Energieträger frei wird. Es verbindet sich mit Sauerstoff und Wasser zu einer Säure, daher die Bezeichnung »saurer Regen«, die zu einer Versauerung des Bodens und dadurch zu Problemen im Nährstoffhaushalt von Pflanzen führt. Die Einführung von Filtern zur Rauchgasentschwefelung hat heute dieses schwerwiegende Umweltproblem gelöst.

Stickoxide begegnen uns häufig in Form von Stickstoffmonoxid oder Stickstoffdioxid. Diese gasförmigen Verbindungen entstehen beim Verbrennungsprozess im Straßenverkehr und durch Düngung in der Landwirtschaft. Stickstoffemissionen tragen ebenfalls zur Versauerung von Böden bei und können zur Überdüngung von Biotopen führen. Auch die Belastung von Grundwasser mit Nitrat ist auf Stickstoffemissionen zurückzuführen. Die Wirkungskette von überdüngten Flächen setzt sich von der Artzusammensetzung der Pflanzen über die Insekten bis hin zu Vögeln und Säugetieren fort. Hohe Stickstoffeinträge führen zu einer Entmischung der krautigen Vegetation. Magerarten werden mehr und mehr von stickstoffliebenden Pflanzen (Nitrophyten) verdrängt, die sich daraufhin fest etablieren und anderen Arten kaum eine Chance lassen. Mit dem zunehmenden Verlust der Artenvielfalt der Kräuter verschwinden auch unzählige auf sie spezialisierte Insektenarten, die wiederum die Lebensgrundlage für Niederwildarten wie das Rebhuhn darstellen. Das Fehlen von Insekten für die Aufzucht der Küken kann zu dramatischen Einbrüchen bis hin zum Zusammenbruch lokaler Populationen führen.

Der Einbau von Katalysatoren in Fahrzeuge hat die Stickoxide im Verkehr zwar gesenkt, doch ist der Effekt durch ein im Gegenzug erhöhtes Verkehrsaufkommen nicht so markant wie bei der Rauchgasentschwefelung. In Bezug auf die Landwirtschaft gibt es entsprechende Düngemittelverordnungen, die den Einsatz, die Menge und die Zusammensetzung von Düngemitteln regeln.

Waldbrand

Waldbrände sind in Deutschland durch die in den letzten Jahren vermehrt aufgetretenen, lang anhaltenden Trockenperioden eine immer größer werdende Gefahr für unsere Wälder. Besonders interessant in diesem Zusammenhang: Nur etwa 5% aller Waldbrände sind natürlichen Ursprungs, wie etwa Blitzschlag. Unsere Waldökosysteme sind an Brände nicht angepasst, gegen diese somit nicht gewappnet. Fast alle Waldbrände in Deutschland sind menschlichen Ursprungs. In anderen Teilen der Erde sind Waldbrände ein natürlicher Vorgang zur Verjüngung von Wäldern. Es gibt Pflanzenar-

↑ Die Gefahr, ganze Bestände durch Waldbrände zu verlieren, nimmt in Deutschland mehr und mehr zu.

ten, sogenannte Pyrophyten, für deren Verjüngung Waldbrände notwendig sind. So gibt es z.B. Baumarten, deren Zapfen sich nur bei sehr starker Hitze öffnen und ihre Samen freigeben. Zudem sind einige Baumarten mit einer besonders dicken Baumrinde an Feuer angepasst und dadurch in der Lage, Brände zu überleben. In unseren heimischen Wäldern bedeutet ein Waldbrand allerdings einen Start von null. Die nötigen Vorkehrungen zur Vermeidung von Waldbränden und die Gewährleistung der erforderlichen Infrastruktur (Löschteiche, Schneisen usw.), um Brände erfolgreich bekämpfen zu können, sind eine neue Aufgabe der Forstwirtschaft und werden in den kommenden Jahren deutlich mehr Raum einnehmen.

Holzernte

Bei forstlichen Eingriffen wie z.B. Durchforstungen entstehen vereinzelt Schäden an den verbleibenden Bäumen. Zu den häufigsten Schäden zählen Wurzelquetschungen und -freilegungen, Rindenabplatzungen und Streifschäden an der Rinde. Steht z.B. ein zu fällender Baum zu nah an einem anderen, kann es passieren, dass er beim Fällen an ihm entlangstreift und dabei dessen Rinde abreißt, sodass der blanke Holzkörper offen liegt. Offene Stellen sind Eintrittspforten für Schaderreger, die das Holz entwerten können. Schäden, die durch die Holzernte entstehen, betreffen die Holzqualität und stellen einen wirtschaftlichen Schaden dar. Eine gute Planung und eine vorausschauende Arbeitsweise mit einer guten Hiebsordnung können die Schäden minimieren bzw. ausschließen. Deshalb ist es wichtig, nach jedem forstlichen Eingriff den Bestand noch einmal abzugehen und auf Schäden zu kontrollieren, um das jeweilige Arbeitsverfahren und die Umsetzung zu evaluieren und laufend zu verbessern. Rindenschäden beispielsweise lassen sich ermitteln, indem man von einem Standort im bearbeiteten Bestand aus die nächstgelegenen zehn Bäume begutachtet. Von zehn Bäumen darf nur ein Baum

↑ Vereinzelt können Schäden durch forstliche Eingriffe wie z.B. Durchforstungen an den verbleibenden Bäumen entstehen.

Rindenbeschädigung aufweisen. Dieses Vorgehen wird an mehreren Stellen wiederholt, anschließend wird ein Mittelwert gebildet. Beträgt der Mittelwert 1 oder weniger, war die Arbeitsqualität sehr gut. Ist er höher, sind deutlich mehr Bäume beschädigt, und der Unternehmer muss Maßnahmen zur Steigerung der Arbeitsqualität ergreifen, sonst kann dies unter Umständen zu Schadensersatzforderungen durch den Waldbesitzer führen.

Natur-
schutz

Der Natur- und Artenschutz ist mittler-
weile fester Bestandteil der Forstwirt-
schaft und wird auf derselben Fläche wie
die Holzerzeugung praktiziert.

Der Naturschutz ist mittlerweile fester Bestandteil der Forstwirtschaft und nimmt einen hohen Stellenwert ein. Dabei werden Maßnahmen zum Schutz der Natur fest in die forstlichen Planungen und das Betriebsgeschehen integriert. Man spricht in diesem Fall von **integrativem Naturschutz**. Der Naturschutz wird hierbei direkt auf den Wirtschaftsflächen praktiziert und nicht räumlich von diesen getrennt. Dieses Vorgehen ermöglicht eine Vielzahl an Trittsteinbiotopen und eine flächenumfassende Abdeckung mit Naturschutzelementen.

Totholz

Abgestorbenes Holz ist von unschätzbarem Wert für den Arten- und Naturschutz im Wald. Deshalb sollte bei jedem forstlichen Eingriff ein bestimmter Teil an Totholz im Bestand belassen werden.

↑ Totholz kann in unterschiedlichen Formen auftreten, hier z. B. als liegender Baum.

Holz, das nicht mehr von einer lebenden Pflanze versorgt und benötigt wird, nennt man **Totholz**. Totholz kann als ganzer stehender Baum (stehendes Totholz), als am Boden liegender Ast oder Stamm (liegendes Totholz) oder als noch am Baum befindlicher abgestorbener Ast (Kronentotholz) auftreten. Totholz dient vielen Lebewesen, darunter insbesondere Insekten und Pilzen, als Lebensraum. In Totholz bildet sich je nach Dicke ein unterschiedliches Innenklima. Dank seines hohen Wassergehaltes kann Totholz Temperaturschwankungen und Feuchtigkeitsverhältnisse ausgleichen, und es hemmt das Austrocknen des Bodens. Auf diese Weise wirkt Totholz positiv auf das Mikroklima des Waldes. Zudem bilden sich in Totholz durch die beginnenden Abbauprozesse Hohlräume. Totholz ist in jeder Dicke wichtig und dient verschiedenen Arten als Habitat, wobei sein Wert für den Arten- und Naturschutz umso höher einzustufen ist, je älter, dicker und reicher an abgestorbenen Ästen, Stammteilen und Höhlen es ist.

Totholz im Wald anzureichern ist eine Generationenaufgabe. Wenn bei jedem Eingriff aktiv etwas auf der Fläche belassen wird, kann man über die Jahrzehnte flächendeckend Totholz aufbauen. Ich reichere Totholz an, indem ich bei der Holzernte vor allem sehr krummes Holz oder bereits von Pilzen besiedeltes Holz im Wald liegen lasse. Stehende abgestorbene Bäume belasse ich im Bestand, sofern keine Gefahr besteht, dass die Krone beim Abbrechen andere Bäume beschädigt. Einzelne umgestürzte Bäume sollten ebenfalls im Wald verbleiben, sofern keine Bedenken hinsichtlich des Waldschutzes (z.B. Borkenkäfer) bestehen. Ganz nebenbei lässt sich so mit einfachen Maßnahmen eine große Wirkung für den Naturschutz erzielen.

↑ Je reicher Totholz an Höhlen und abgestorbenen Stammteilen bzw. Ästen ist, desto höher ist sein Wert für den Arten- und Naturschutz einzustufen.

Ich sehe es als Generationenaufgabe an, Totholz im Wald anzureichern. Dazu möchte ich beitragen, indem ich bei der Ernte abgestorbene und von Pilzen besiedelte Bäume liegen lasse.

BEATRICE JÄGER

Habitatbäume

Ist ein lebender Baum reich an Spechthöhlen, Mulmhöhlen, Totästen oder großen Astlöchern, dient er als sogenannter Habitatbaum, der Lebensraum für viele Tiere bietet. Er wird markiert und bleibt dauerhaft im Wald.

Habitatbäume sind lebende Bäume, die besondere Strukturen haben, die als Lebensraum für Tiere, hier insbesondere Vögel und Fledermäuse, sehr gute Bedingungen bieten. Kriterien für gute Habitatbäume sind z.B. Spechthöhlen, Mulmhöhlen, Totäste, offene Holzkörper oder auch große Astlöcher. Bei der Hiebsvorbereitung gehe ich jeden Bestand sehr genau ab und nehme jeden Baum unter die Lupe. Fällt mir dabei ein Habitatbaum ins Auge, der einen geeigneten Platz im Wald hat, markiere ich den Baum mit einer bestimmten Farbe, die ihn eindeutig als Habitatbaum kennzeichnet. Dieser bleibt dann dauerhaft im Wald und steht als Lebensraum zur Verfügung. Setzt man diese Strategie konsequent um, erreicht man mit den Jahren ein flächendeckendes Netz von Habitatbäumen, das sich über den gesamten Wald erstreckt.

↑ Habitatbäume bieten wertvollen Lebensraum für viele Tiere, insbesondere für Vögel und Fledermäuse.

Waldbauliche Möglichkeiten

Auch mittels bestimmten Maßnahmen im Waldbau ist es möglich, den Natur- und Artenschutz zu unterstützen. Dazu gehören beispielsweise die Waldrandgestaltung oder das Einbringen und Fördern von Laubholzinseln oder von Obstgehölzen und Weiden.

Auch waldbauliche Maßnahmen (z.B. Förderung von ökologisch wertvollen Bäumen, Schaffung von Waldlichtungen) und planerische Methoden (Baumartenwahl, Bewirtschaftungsform usw.) können einen großen Beitrag zum Naturschutz und zur Artenvielfalt leisten. Diese Maßnahmen und Methoden benötigen jedoch häufig in ihrer Umsetzung mehrere Jahrzehnte, bis sie die gewünschte Wirkung erzielen, sind dann allerdings sehr beständig und nachhaltig.

Waldrandgestaltung

Waldränder bieten eine sehr gute Möglichkeit, Strukturen aufzubauen, die langfristig wichtigen Lebensraum und hochwertige Nahrung bieten. Sie bilden zudem eine schützende Grenze und können Einträge von Schadstoffen und Dünger in den Wald abhalten. Insbesondere bei Erstaufforstungen, also wenn ehemals landwirtschaftliche Flächen in Wald umgewandelt werden, ist die Anlage eines Waldrandes effektiv. Waldränder bestehen aus verschiedenen Kräutern, die sich ansamen, gefolgt von zahlreichen Sträuchern und schließlich dem Waldmantel mit Traufbäumen (randständige Waldbäume mit hohem Anteil an grüner Krone und starken Ästen). Die Anlage eines Waldrandes nimmt viel Raum in Anspruch, dieser muss bei der Planung also entsprechend berücksichtigt werden. Benötigt werden eine Zone, in der sich Kräuter ansamen, und im Anschluss daran ein breiter Streifen mit Sträuchern, die gepflanzt werden. In der Regel sind effektive Waldränder mindestens 15 m breit. Wird der Strauchstreifen zu schmal angesetzt, verschwindet er mit den Jahren, da die Traufbäume aufgrund des Wachstums sehr ausladende Äste bekommen, die den Pflanzen das Licht wegnehmen. Bei der Wahl der Sträucher hat man relativ freie Hand. Hier kann man sich beispielsweise zugunsten der biologischen Vielfalt dafür entscheiden, Dornensträucher, blühende, insektenbestäubte Sträucher und auch solche, die reichlich Früchte tragen, miteinander zu mischen. Wichtig ist, dass die verschiedenen Arten in Kleingruppen von fünf bis zehn Stück ausgebracht werden, bei einzelstrauchweiser Mischung tritt Entmischung ein, und es bleiben in kürzester Zeit nur die konkurrenzfähigsten Arten übrig. Mit einer Vielfalt an Straucharten schafft man Lebensraum für eine Vielfalt von Tierarten. Für unsere Wildtiere sind Waldränder außerordentlich wertvoll. Sie bieten (über-)lebenswichtige Lebensräume für Deckung und Fortpflanzung, und auch das Äsungsangebot ist je nach Gestaltung besonders attraktiv für viele Wildtierarten.

Laubholzinseln

Je nach Baumartenzusammensetzung und Altersstruktur bietet der Wald unterschiedlich viele Äsungsmöglichkeiten. Hat man große Dickungskomplexe oder starke Flächenanteile an Nadelholz, lässt sich das Äsungsangebot auch durch Pflanzung von masttragenden Baumarten, die große, stärkehaltige Sämereien produzieren, gestalten. Insbesondere Eichen (*Quercus spec.*), die Edelkastanie (*Castanea sativa*) oder die Rotbuche (*Fagus sylvatica*) eignen sich hierfür sehr gut. Müssen beispiels-

↑ **Weiden sind forstwirtschaftlich uninteressant, bieten aber im Frühling als eines der ersten Gehölze Nahrung für z.B. Hummeln.**

weise Lücken in der Naturverjüngung ohnehin bepflanzt werden oder steht nach einer Endnutzung eine Neugestaltung an, können Gruppen dieser Gehölze eingebracht werden. Die Flächengröße muss nicht ins Unermessliche steigen, bereits ein paar Bäume im Altbestand schaffen Struktur und Äsung.

Obstgehölze und Weiden

Geht es um Bienen und den Insektenschutz bzw. die Artenvielfalt der Insekten allgemein, sieht jeder sicher sofort üppig blühende Wiesen vor seinem inneren Auge. Dass sich diese jedoch erst im Mai rasch entwickeln und dann genauso schnell auch wieder verblüht sind und dass insbesondere kurz nach dem Winter die Wildbienen Nahrung brauchen, wird dabei häufig nicht bedacht. Zu den ersten Gehölzen, die im Frühling blühen und den früh fliegenden Bestäubern wie etwa Hummeln Nahrung bieten, gehören Weiden (*Salix spec.*). Weiden sind forstwirtschaftlich relativ uninteressant, da ihr Holz sehr weich und wenig dauerhaft ist. Als Pionier besiedeln Weiden jedoch sehr gerne Wegränder und lichte Flächen. Fallen mir in Beständen oder insbesondere an sonnigen Wegrändern Weiden auf, lasse ich sie nicht nur stehen, sondern fördere sie sogar bewusst. Ihre Lebensdauer ist von Natur aus relativ gering, wird das Licht knapp, unterliegen Weiden meist der Konkurrenz der Forstbaumarten. Daher fälle ich gezielt an bestimmten Stellen Bäume, um den Weiden genug Licht zu bieten. Bilden sie störende Äste oder entwickelt sich die Krone nicht richtig, kann man Weiden durchaus stark zurückschneiden, und sie treiben dennoch erneut sehr gut aus. Dadurch kann man sie im Wald sehr lange mit relativ wenig Aufwand erhalten.

Neben der gezielten Förderung von Weiden befürworte ich es auch explizit, hier und da ein Obstgehölz zu pflanzen. Holzapfel (*Malus sylvestris*), Wildbirne (*Pyrus pyraster*) und Vogelbeere (*Sorbus aucuparia*) blühen wunderschön und stellen mit ihren Früchten (die man auch für den Eigenbedarf nutzen kann) regelrechte »Tiermagneten« dar. Handelt es sich um Waldrandgestaltungen und lässt es der Standort zu, empfiehlt es sich, Vogelkirschen (*Prunus avium*) zu pflanzen. Der Winterlinde (*Tilia cordata*) räume ich auch viel Platz ein, partiell kommt sie in unserem Forstbetrieb bestandsbildend mit reichlich Lindennaturverjüngung darunter vor, begleitet von Hainbuche (*Carpinus betulus*) und Vogelkirsche (*Prunus avium*). Insbesondere im Frühling wird der Wald somit nicht nur zur Bienen-, sondern auch zur Augenweide.

Neuanlage von Biotopen

Selbst durch kleinste Biotope, die im Wald oder in der Feldflur angelegt werden, können ganze Eldorados für unzählige Lebewesen geschaffen werden. Die Bandbreite dabei ist groß und reicht von Remisen über Lebensraumpolter bis hin zu Himmelsteichen.

Neben den in die Bewirtschaftung miteinbezogenen Maßnahmen zum Naturschutz gibt es auch die Möglichkeit, aktiv Biotope anzulegen. Dabei sind bereits relativ kleine Aktionen mit großer lokaler Wirkung verbunden.

Remisen

Lässt man seinen Blick über die Landschaft schweifen, wird schnell klar, dass diese nicht nur aus Wald besteht. Große zusammenhängende Flächen werden landwirtschaftlich genutzt. Hier grenzt Feld an Feld oder Feld an Acker. Im Zuge von Flurbereinigungsmaßnahmen wurden nahezu flächendeckend in ganz Deutschland Heckenstrukturen, die früher als Abgrenzung und Windschutz zwischen

↑ Remisen sind Pflanzungen in der Feldflur, die dem Wild Schutz bieten.

↑ **Aus richtig abgelegten Holzschüttungen kann durch Samenflug und Sämereien im Vogelkot eine sogenannte Benjeshecke entstehen.**

den Flächen dienten, entfernt. Insbesondere viele Niederwildarten wie Rebhühner, Fasane und Feldhasen haben dadurch großflächig Lebens- und Brutraum sowie ihre Nahrungsgrundlage verloren. Remisen sind Pflanzungen in der Feldflur, die Wild Schutz bieten. Von ihnen profitieren in hohem Maße auch Tierarten, die nicht dem Jagdrecht unterliegen. Die Anlage von Feldgehölzen beeinflusst jedoch nicht nur die Tierwelt, sondern auch die Arbeit und den Ertrag in den angrenzenden landwirtschaftlichen Flächen. Schattenwurf und das Lichtraumprofil sind wichtige Punkte, die berücksichtigt werden müssen. Die Anlage einer Remise muss neben dem Flächeneigentümer auch detailliert mit den Eigentümern und Bewirtschaftern der benachbarten Flächen abgesprochen werden. Fällt die Entscheidung für eine Remise, kann man ähnlich wie bei der Waldrandgestaltung planerisch durch die Wahl der Baum- und Straucharten vielfältigen Lebensraum und ein reiches Nahrungsangebot für unterschiedliche Tierarten entstehen lassen. Dabei ist es besonders effektiv, wenn man bei der Bepflanzung einer Fläche darauf achtet, dass die Höhe der Gehölze von außen nach innen zunimmt. Dieses Vorgehen erleichtert Pflegemaßnahmen in der Zukunft und minimiert die Beeinflussung der umliegenden Flächen in Bezug auf Schatten, Äste und Laub. Die Flächenränder kann man waldrandartig zuerst mit einem puffernden Krautstreifen und einer daran anschließenden dichten Hecke anlegen. Je nach Flächengröße kann man dann im Kern der Remise Obst- oder Feldgehölze folgen lassen.

Diese Landschaftselemente, wie sie auch bezeichnet werden, bedeuten momentan noch eine Schmälerung der Flächenprämie in der Landwirtschaft, politisches Umdenken hin zu einer stärkeren Fokussierung auf Artenvielfalt und Naturschutz hat jedoch dazu geführt, dass diese Landschaftselemente in der Zukunft womöglich ebenfalls förderfähig sein werden, um einen Anreiz zu schaffen.

Benjeshecke

Die Benjeshecke gehört zu den Maßnahmen, die kurzfristig und unkompliziert umsetzbar sind. Ihr Grundprinzip ist, dass Reisig und schwache Äste locker in Haufen bzw. Bündeln an sonnigen Orten abgelegt werden. Das tote Geäst zieht viele Insekten an, die wiederum andere Tiere wie Vögel, aber auch Reptilien wie Zauneidechsen anlocken, die sich von ihnen ernähren. Durch Sämereien im Vogelkot und Samenanflug keimen in den Schüttungen auf natürliche Weise Sträucher, die geschützt durch die Totäste aufwachsen können. Die Benjeshecke ist eine kostengünstige und pflegeleichte Variante zur Anlage von Hecken. Allerdings müssen bei der Anlage viele Faktoren zusammenwirken, damit der gewünschte Effekt erreicht wird. Das Schnittgut selbst sollte nicht wieder austreiben können und nur von natürlich gewachsenen Pflanzen der Umgebung stammen (keine Gartenabfälle!). Die Packungsdichte der Holzhaufen sollte nicht zu eng sein. Es ist wichtig, dass sich in der Holzschüttung ausreichend Zwischenräume befinden und eine gute Luftzirkulation herrscht.

Auch bei korrekter Anlage einer Benjeshecke gibt es keine Garantie für das Durchwachsen von Sträuchern. Unter Umständen wird der Raum im Totholz schnell von krautigen Pflanzen in Beschlag genommen, die dann das Wachsen von Sträuchern verhindern. Zusätzlich ist die Artenzusammensetzung, die später in der Hecke vorzufinden ist, ungerichtet. Ebenso wie die Anlage einer Hecke oder Remise stellt eine Benjeshecke nach ihrer Etablierung ein Landschaftselement dar. Aber auch wenn sich keine Sträucher in den Totholzhaufen bilden, ist allein das Vorhandensein der Totholzstruktur ein wertvoller Lebensraum und stellt eine ökologische Aufwertung offener Agrar- und Brachflächen dar.

Lebensraumpolter

Neben dem gezielten Ablegen von Kronenmaterial und Zweigen kann auch die bewusste Platzierung kleinerer Holzpolter mit geringen Dimensionen, die im Wald belassen werden, die Artenvielfalt fördern. Ideal für diesen Zweck sind ungefähr armdicke Stammdurchmesser. Wenn man diese, wie in der Forstwirtschaft üblich, aufstapelt, entstehen zwischen den einzelnen Rundlingen Hohlräume. Belässt man den Minipolter gezielt an Forststraßen,

↑ Mit dem Belassen kleiner Holzpolter wird Totholz angereichert, das einer Vielzahl an Tieren Lebensraum bietet.

werden durch die einsetzenden Abbauprozesse Insekten angelockt, die wiederum eine wichtige Nahrungsgrundlage für beispielsweise Fledermäuse darstellen, die bevorzugt auch im Luftraum von Forststraßen jagen. Auch als Platz zum Sonnen sind die Polter sehr beliebt. Mit Lebensraumpoltern reichert man Totholz an und bietet über einen langen Zeitraum Insekten und anderen Lebewesen, z.B. der Waldeidechse, oder Vögeln, wie etwa der Heckenbraunelle, Nahrung und Unterschlupf.

Wurzelstöcke

Manchmal ist es notwendig, Bäume nicht nur bodennah abzusägen, sondern sie sogar auszubaggern, etwa im Zuge von Wegebauprojekten. Aber auch infolge von Windwürfen können Wurzelstöcke lose auf Flächen zu finden sein. An der richtigen Stelle platziert (sonnig und ungeschützt), sind sie beliebte Aufenthaltsorte für Insekten und auch Echsen. Das stark verästelte Wurzelwerk schafft eine ideale, schützende Struktur und bietet gute Versteckmöglichkeiten. Die beginnenden Abbauprozesse in Kombination mit Wärme machen Wurzelstöcke zu richtigen Hotspots für viele Tierarten wie z.B. Wildbienen, der Blindschleiche oder auch dem Braunbrustigel. Häufig schätzen die Tiere die Wärme der besonnten Wurzelstöcke, Igel nutzen insbesondere entstehende Höhlen für die Jungenaufzucht.

Wurzelstöcke sind komplexe, vollwertige Lebensräume, die man nur am richtigen Ort platzieren

↑ **An passenden Stellen platzierte Wurzelstöcke sind regelrechte Hotspots für Wildbienen, Blindschleiche oder Igel.**

muss. Infolge einiger Windwürfe fanden sich bei uns im Forstbetrieb etliche lose Wurzelstöcke, die bei der Pflanzung im Weg gewesen wären. Der Rückezug, der das aufgearbeitete Holz abtransportiert hat, hat die Stöcke aufgeladen und am sonnigen Rand des Bestandes platziert. Ein geschultes Auge kann heute hier im Sommer bei einem Spaziergang Eidechsen beobachten - entsprechend ruhiges Verhalten vorausgesetzt.

Feuchtbiotope, Himmelsteich

Neben den zahlreichen Möglichkeiten, wertvolle Biotope an trockenwarmen Standorten anzulegen, sind auch Feuchtbiotope eine wirkungsvolle Naturschutzmaßnahme, da sie einen wertvollen Beitrag zur Etablierung, Sicherung und Weiterentwicklung der biologischen Artenvielfalt unserer Kulturlandschaft darstellen. Viele Tierarten, unter ihnen Amphibien und auch zahlreiche Insekten, sind in ihrem Entwicklungszyklus auf Wasser angewiesen. Unsere großflächig drainierte Landschaft bietet zwar viele größere Seen und Weiher, die Wasser zur Verfügung stellen, doch deren Wirkung ist relativ lokal und deckt die weiten seenarmen Gebiete nicht ab. Für die Entwicklung von Amphibien und Insekten braucht es keine Unmengen an Wasser, kleine Tümpel reichen meist schon vollkommen aus. Die unkomplizierteste Variante, Feuchtbiotope zu erstellen, ist der Himmelsteich. Das sind kleine Teiche, die nicht durch einen oberflächigen Zustrom gespeist werden, sondern ihr Wasser ausschließlich aus Niederschlägen beziehen. Man kann sie durch lokale Bodenverdichtung oder kleinere Baggerarbeiten entstehen lassen. Die ideale Ausgangssituation bilden lehmreiche bzw. von Haus aus staunasse Böden. Entscheidend ist, dass die Tümpel in einer besonders geschützten Lage angelegt werden, damit die Entwicklung der sich dort ansiedelnden Tiere auch sichergestellt ist. Zudem ist ein Standort mit etwas Sonne ideal, da warmes Wasser entwicklungsfördernd wirkt. Es ist ein wirklich schönes Erlebnis, jedes Jahr aufs Neue den Entwicklungszyklus vom Froschlaich über die Kaulquappe bis hin zum kleinen Fröschchen begleiten zu können.

↑ Viele Tierarten, unter anderem Amphibien wie Frösche, sind in ihrem Entwicklungszyklus auf Wasser angewiesen, wie es Feuchtbiotope oder Himmelsteiche bieten.

Wer die Anlage eines Himmelsteichs in Betracht zieht, muss dieses Vorhaben mit den zuständigen Behörden (für Forstwirtschaft und Umwelt) absprechen.

Für mich ist es ein wirklich schönes Erlebnis, jedes Jahr aufs Neue den Entwicklungszyklus vom Froschlaich über die Kaulquappe bis hin zum kleinen Fröschchen begleiten zu können.

BEATRICE JÄGER

Grundlagen zum Aufbau von Bäumen und Holz

Baum ist nicht gleich Baum, und Holz nicht gleich Holz. Je nach ihrer Art haben Bäume unterschiedliche Wuchsformen und anders aufgebautes Holz.

Aufbau von Bäumen

Auf den ersten Blick unterscheiden sich Waldbäume nicht wesentlich voneinander. Der täuscht allerdings, denn sowohl Krone als auch Stamm und Wurzeln sind je nach Baumart ganz unterschiedlich aufgebaut.

Alle heimischen Waldbäume gehören zu den Sprosspflanzen und sind grob in drei Abschnitte unterteilbar: Blätter bzw. Nadeln, die sich zur Krone zusammenfassen lassen, die Sprossachse, also der Baumstamm, und die Wurzel.

Krone

Die Baumkrone ist in ihrem Aufbau je nach Baumart unterschiedlich und zeigt häufig ganz charakteristische Wuchsbilder. Bezüglich der Art und Weise, wie sich Kronen und Äste verzweigen, gibt es drei unterschiedliche Formen: monopodial, sympodial Monochasium und sympodial Dichasium. Die einzelnen Verzweigungstypen unterscheiden sich dahingehend, wie Seitenäste beim Wachstum im Vergleich zum Spross vom Baum gefördert werden und welche Aufgabe sie übernehmen. Die meisten Nadelbäume wachsen monopodial. Hier herrscht eine strenge Hierarchie in Bezug auf die Seitenäste. Die Seitenäste halten sich im Wachstum gegenüber dem Spross zurück und bilden in sich wiederum mit jedem hinzuwachsenden Trieb die sinkende Hierarchie fort. Jüngere Zweige sind in der Hierarchie weiter unten als ältere. Bei Nadelbäumen führt das zu der charakteristisch spitzen Wuchsform. Aber auch einige Laubbäume verzweigen sich auf diese Art, z.B. Esche (*Fraxinus excelsior*) und Bergahorn (*Acer pseudoplatanus*). Bei sympodialem Wachstum werden die Seitentriebe im Wachstum stärker als der Stamm gefördert (8).

Am Ende aller Sprossachsen sitzen entweder Blätter oder Nadeln. Nadelbäume sind evolutionsbiologisch älter als Laubbäume. Die Baumkrone lässt sich zusammen mit den Blättern bzw. Nadeln als Kraftwerk des Baumes bezeichnen. Die Krone versorgt die Pflanze durch den Prozess der Fotosynthese mit

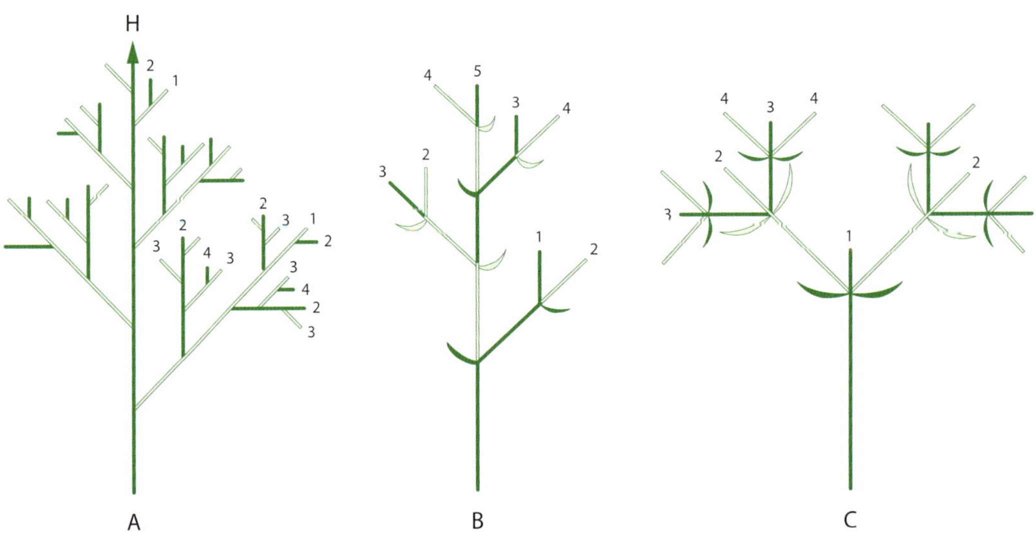

↑ Verzweigungstypen (v. l.): Monopodialer Sprossachsenaufbau, sympodial Monochasium, symp. Dichasium

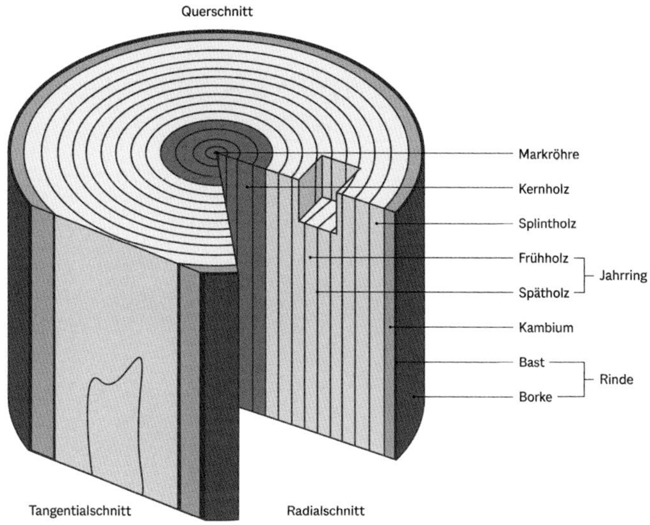

→ Schematische Darstellung eines Stammquerschnitts. Dargestellt werden die einzelnen Schichten, die zusammengenommen das Holz bilden.

Energie. Der für die Fotosynthese entscheidende Wasserhaushalt wird über die Spaltöffnungen auf der Unterseite der Blätter bzw. Nadeln reguliert. Durch diese Öffnungen tritt auch Kohlenstoffdioxid in die Pflanze ein und Sauerstoff nach der Fotosynthese wieder aus. In der Lichtreaktion der Fotosynthese wird Energie in Form von Adenosintriphosphat (kurz ATP) gespeichert. In der lichtunabhängigen Reaktion (Dunkelreaktion) wird mithilfe von ATP aus Kohlenstoffdioxid Zucker (Glucose). Der entstandene Zucker kann dann gespeichert und anschließend an den jeweiligen Verwendungsort transportiert werden.

Mit der Baumkrone verhält es sich wie mit einer Fotovoltaikanlage. Viel Fläche erzeugt viel Energie. Eine große und gesunde Krone ermöglicht dem Baum ein schnelles Wachstum. Das ist allerdings nur umsetzbar, wenn auch ausreichend Wasser und Nährstoffe vorhanden sind. Eine große Krone stellt durch die hohe Fotosyntheseleistung automatisch eine größere Verdunstungsfläche dar.

Spross (Stamm)

Der Baumstamm fungiert sowohl als Festigungsgewebe, das für die Stabilität der Pflanze verantwortlich ist, als auch als überlebenswichtige Leitungsbahn für Wasser und Nährstoffe. Der Aufbau eines Baumstammes ist vergleichbar einer Röhre in Schichten, bei der jeder Schicht eine andere Aufgabe zukommt.

Die äußerste Schicht ist die Borke. Das Gewebe der **Borke** besteht aus abgestorbenen Zellen und dient als Schutz der darunterliegenden lebenden Bastschicht. Auf den **Bast** folgt das **Kambium**, dies ist die teilungsfähige, hohlzylinderförmige Schicht, die für das sekundäre Dickenwachstum des Baumes zuständig ist. Es bildet in Richtung Rinde das **Phloem** und in Richtung Markröhre das **Xylem**, hier beginnt das Holz. Im Phloem werden die bei der Fotosynthese in der Baumkrone entstandenen Stoffe den Baumstamm abwärts in Richtung Wurzeln transportiert. Im Xylem werden Nährstoffe und Wasser in Richtung Baumkrone, also nach oben, transportiert. Zusätzlich bildet das Xylem das Festigungsgewebe im Stamm. Verletzungen am Kambium können den Baum schwer bis letal schädigen. Die vom Kambium in Richtung Markröhre gebildeten Schichten werden in **Splintholz** und **Kernholz** unterteilt. Das Splintholz (helle Färbung) dient als Leitbahn (Xylem). Das Kernholz dient als Festigungsgewebe der Stabilisierung. Es besteht aus abgestorbenem Holz. Die Entstehung von Kernholz nennt man auch Verkernung, sie definiert sich durch aktive Einlagerung von aromatischen Verbindungen wie z.B. Gerbstoffen, die das Kernholz sehr widerstandsfähig machen. Manche dieser »Konservierungsstoffe« sind farbgebend, was bei einigen Baumarten für einen dunkleren Holzkern sorgt. Den innersten Teil des Baumstammes bildet die **Markröhre**.

Wurzel

Die Wurzeln verankern den Baum und versorgen ihn mit Wasser und Nährstoffen. Für den Transport des Wassers sind insbesondere die Feinwurzeln verantwortlich. Ähnlich wie die Sprossachse sind auch Wurzeln in Schichten aufgebaut und haben ein Dickenwachstum. An der Spitze jeder Wurzel, geschützt durch eine Wurzelhaube, befindet sich ein **Meristem** (Wachstumsgewebe), das für das Längenwachstum der Wurzel und somit für die Erschließung des Bodens zuständig ist. Wurzeln unterschiedlicher Bäume können miteinander verwachsen.

Bezüglich der Wuchsform lassen sich drei unterschiedliche Wurzelsysteme einteilen, die Böden jeweils mit verschiedenen Strategien erschließen. In der Natur können jedoch Übergangsformen der einzelnen Wurzelsysteme auftreten, auch kann sich im Lauf der Zeit das Wurzelsystem eines Baumes wandeln.

PFAHLWURZEL

Bei einem Pfahlwurzelsystem geht eine dominante, starke Wurzel senkrecht in den Boden (einem Pfahl gleichend). Von dieser ausgehend, zweigen sich seitlich schwächere Wurzeln ab.
Beispiele für Baumarten mit Pfahlwurzel sind: Weißtanne (*Abies alba*), Waldkiefer (*Pinus sylvestris*) und Stieleiche (*Quercus robur*).

SENKERWURZEL

Dieses Wurzelsystem ist eine Anpassung an flachgründige Böden zur Nutzung von Oberflächenwasser. Häufig wird das Senkerwurzelsystem auch als Tellerwurzelsystem bezeichnet, das ist jedoch umgangssprachlich und kein fachlich korrekter Terminus. Bei einem Senkerwurzler bilden sich oberflächennah waagrecht dominante Wurzeln, von denen aus kleinere Senker senkrecht in den Boden abzweigen.
Beispiele für Baumarten mit Senkerwurzel sind: Fichte (*Picea abies*) und Esche (*Fraxinus excelsior*).

HERZWURZEL

Vom Wurzelstock aus gehen mehrere Wurzeln unterschiedlicher Dimensionen in alle Richtungen des Bodens ab, sowohl oberflächennah als auch in die Tiefe.
Beispiele für Baumarten mit Herzwurzel sind: Lärche (*Larix decidua*), Rotbuche (*Fagus sylvatica*) und Schwarzerle (*Alnus glutinosa*).

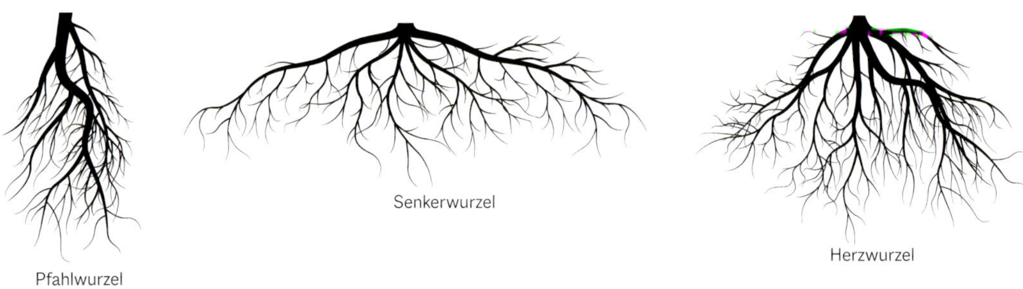

↑ Grundsätzlich lassen sich drei unterschiedliche Wurzelsysteme unterscheiden, in der Natur können jedoch auch Übergangsformen auftreten.

Aufbau von Holz

Dass Bäume sogenannte Jahrringe bilden, ist hinlänglich bekannt. Doch wie kommen sie zustande, wozu dienen sie und aus was bestehen sie?

Wissenswertes

Tropenholz hat keine sichtbaren Jahrringe. Da in den Tropen Tageszeitenklima und kein Jahreszeitenklima herrscht, können die Bäume durchgehend wachsen. Eine sichtbare Abgrenzung von Früh- zu Spätholz gibt es deshalb bei Tropenholz nicht.

Betrachtet man Holz im Querschnitt, lassen sich Ringstrukturen (Jahrringe) erkennen. Jedes Jahr wird ein neuer Jahrring im Zuge des Dickenwachstums gebildet. Ein Jahrring teilt sich in einen helleren und einen dunkleren Bereich auf. Der hellere Bereich ist das Frühholz, dieses wird zu Beginn der Vegetationsperiode gebildet, ist weitlumig und hat dünne Zellwände. Dieser Aufbau ist ideal auf den Transport von Wasser ausgerichtet, der insbesondere im Frühjahr für den Blattaustrieb wichtig ist. Später im Jahr wird das dunklere Spätholz gebildet, dessen Aufbau mehr auf die Festigkeit ausgerichtet ist. Aufgrund des strukturellen Unterschieds (insbesondere dickere Zellwände) erscheint das Spätholz dunkel. Je nach Verteilung der Gefäße innerhalb eines Jahrrings kann man Laubholz in **Ringporer, Halbringporer** und **Zerstreutporer** unterteilen. Bei Ringporern, wie etwa der Stieleiche (*Quercus robur*), werden die Gefäße, die sich in einem Ring an die Grenze des letztjährigen Jahrrings anordnen, vorwiegend im Frühling gebildet. Zerstreutporer, wie z.B. die Rotbuche (*Fagus sylvatica*), verteilen die Gefäße über den gesamten Jahrring, Halbringporer, wie beispielsweise die Walnuss (*Juglans regia*), nehmen eine Stellung in der Mitte ein. Der Größenunterschied der im Frühling gebildeten Gefäße im Vergleich zu den später gebildeten Gefäßen ist bei ihnen nicht so markant wie bei Ringporern, und auch die Anordnung in einem vollständigen Kreis ist nicht vorhanden. Nadelbäume bilden keine Gefäße, wie man sie in den Jahrringen von Laubbäumen erkennen kann, sondern sind vorwiegend aus Tracheiden (abgestorbene, langgestreckte Pflanzenzellen) aufgebaut, die auch für Leitungsfunktionen zuständig sind.

Neben den Jahrringen sind im Holzquerschnitt auch noch Streifen zu sehen, die die Jahrringe durchschneiden und von der Rinde ausgehend in Richtung Markröhre angeordnet sind. Diese Streifen sind Holzstrahlen. Bei Laubholz fungieren sie als wichtige Speicherorgane, bei Nadelholz übernehmen sie, durch Tüpfel mit Tracheiden verbunden, auch eine wichtige Leitungsfunktion für Wasser und Nährstoffe.

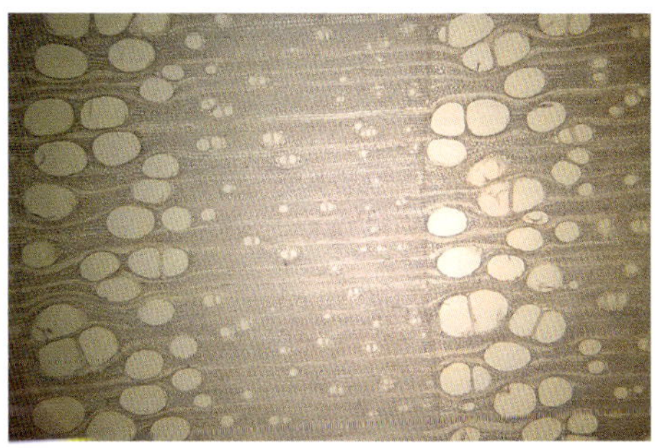

↑ **Bei Ringporern, wie z.B. der Stieleiche, werden die Gefäße vorwiegend im Frühling gebildet.**

Altersschätzung Bäume

Durch das Zählen der Jahrringe lässt sich das Alter eines Baumes wohl am sichersten bestimmen. Doch was ist mit Bäumen, die noch nicht geerntet wurden? Hier kommt eine andere Methode zum Einsatz.

Die wohl sicherste Methode zur Bestimmung des Baumalters ist das Zählen der Jahrringe. Mit kleinen Abweichungen beispielsweise aufgrund von Mastjahren wird kontinuierlich jedes Jahr vom Baum ein neuer Ring gebildet.

Altersschätzungen von stehenden Bäumen anhand des Durchmessers sind hinsichtlich ihrer Aussagekraft mit Vorsicht zu genießen. Hier ist großes Hintergrundwissen zur jeweiligen Baumart und in Bezug auf die Zusammenhänge hinsichtlich des Standortes notwendig. Aussagen wie: »Dieser Baum ist sehr dick, er muss uralt sein!«, höre ich des Öfteren, so wie letzthin ein Spaziergänger im Gespräch eine Pappel auf 200 Jahre geschätzt hatte, die tatsächlich erst 80 Jahre alt war. Jede Baumart hat ein unterschiedlich schnelles Dickenwachstum: Pappeln (*Populus spec.*) oder Weiden (*Salix spec.*) etwa wachsen diesbezüglich sehr schnell, Eichen (*Quercus spec.*) konträr dazu tendenziell langsam. Jahrringbreiten von über 1 cm sind bei Pappeln gängig, Eichen dagegen setzen häufig nur wenige Millimeter im Jahr an, was dazu führen kann, dass eine Pappel bei gleichem Alter gut doppelt so dick sein kann wie eine Eiche. Neben der Baumart spielt auch der Standort eine Rolle. Hatte der Baum immer ausreichend Licht, wächst er ebenfalls schneller in die Dicke als vergleichsweise Bäume, die stets um diese Ressource kämpfen mussten. Insbesondere einzeln stehende Bäume in der freien Natur oder auch in Parks sind deswegen schwer einzuschätzen.

Eine genauere Möglichkeit zur Altersbestimmung eines stehenden Baumes bieten Nadelbäume. Diese setzen durch ihren monopodialen Wuchs jedes Jahr im Zuge des Höhenwachstums einen Quirl neuer Äste an die mittige Stammachse an. Dies ermöglicht es, sich unter den Baum zu stellen, nach oben zu blicken und die Astquirle zu zählen. Da die Quirle im unteren Stammbereich häufig bereits abgestorben sind, kann man als Faustzahl für die ersten 2 m Baumhöhe zehn Jahre annehmen. Danach zählt man für jeden Quirl ein Jahr dazu. Doch Vorsicht, diese Altersbestimmung ist nur möglich, solange der Baum noch im Höhenwachstum ist.

Ungleichheit der Baumarten

Die Baumarten unterscheiden sich hinsichtlich ihrer Wuchsdynamik und ihren Standortansprüchen. So verwundert es nicht, dass auch ihr Holz verschiedene Eigenschaften hat und demnach auch anders verwendet wird.

Baum ist nicht gleich Baum, und Holz ist nicht gleich Holz.

Jede Baumart ist anders. Anders in ihren Standortansprüchen, in ihrem Wachstumsverhalten, ihrer Strategie in Bezug auf die Konkurrenz, in ihrem Aussehen und letztendlich auch in ihrem Holz.

Grundlegend gibt es **Pionierbaumarten** und **Klimaxbaumarten**. Pionierbaumarten sind die ersten Bäume, die Freiflächen besiedeln. Ihre Entwicklung ist an diesen Vorgang angepasst. Pionierbaumarten sind stark lichtbedürftig, meist windbestäubt und fruktifizieren bereits in jungem Alter. Die Samen sind klein und werden häufig vom Wind weit verweht. Pionierbäume wachsen sehr rasch und werden nicht sonderlich alt. Die Altersgrenze liegt hier häufig bei 80 bis 120 Jahren. Ziel dieser Bäume ist es, einen neuen Standort schnell zu besiedeln und sich zu vermehren, bevor sich Klimaxbaumarten ansiedeln, deren Konkurrenzdruck sie nicht mehr standzuhalten in der Lage sind. Zu den Pionierbaumarten zählen z.B.: Zitterpappel (*Populus tremula*), Vogelbeere (*Sorbus aucuparia*) und Birke (*Betula pendula*). Klimaxbaumarten stellen sich nach den Pionierbaumarten dauerhaft in einem Wald ein und bilden die Schlusswaldgesellschaft. Bei einer **Schlusswaldgesellschaft** treten keine größeren Änderungen in der Artenzusammensetzung mehr ein, die sich einstellende Waldgesellschaft ist stabil und lang anhaltend. Klassische Klimaxbaumarten sind die Rotbuche (*Fagus sylvatica*), die Stieleiche (*Quercus robur*) und die Fichte (*Picea abies*). Je nach Standort können aber auch Pionierbaumarten als Klimaxbaumart auftreten.

Jede Baumart hat ein anderes Lichtbedürfnis, um ideal wachsen zu können. Die einzelnen Baumarten lassen sich in Lichtbaumarten, Halbschattbaumarten und Schattbaumarten unterteilen. **Lichtbaumarten** haben ein hohes Lichtbedürfnis, das meist während der gesamten Lebenszeit des Baumes gleichbleibend ist. Lichtbaumarten wachsen in der Jugend sehr schnell in die Höhe, im späteren Verlauf verlangsamt sich das Höhenwachstum (es kulminiert). Die Bäume versuchen auf diese Weise, anderen Arten »davonzuwachsen«, bevor sie Gefahr laufen, mit ihnen in Konkurrenz treten zu müssen. Beispiele für Lichtbaumarten sind: Eichen (*Quercus spec.*), Lärche (*Larix decidua*) und Waldkiefer (*Pinus sylvestris*).

Schattbaumarten wachsen in der Jugend relativ langsam, benötigen dafür allerdings auch nur sehr wenig Licht. Das gibt den Bäumen die Möglichkeit, zu warten, bis sich eine Lücke öffnet und sie dann in die Höhe wachsen können.

Klassische Schattbaumarten sind die Rotbuche (*Fagus sylvatica*), die Weißtanne (*Abies alba*) und die Eibe (*Taxus baccata*).

Halbschattbaumarten nehmen eine Zwischenposition ein, zu ihnen gehört z.B. die Winterlinde (*Tilia cordata*), die Fichte (*Picea abies*) und der Bergahorn (*Acer pseudoplatanus*).

So verschieden, wie die Bäume in ihrer Wuchsdynamik und in ihren Standortansprüchen sind, so unterschiedlich ist auch ihr Holz. Jede Form der Holzverwendung, sei es für einen Dachstuhl oder zur Papierherstellung, stellt bestimmte Ansprüche an das Holz. Holz für den Hausbau muss eine hohe Festigkeit haben, darf aber nicht zu schwer sein. Holz für die Papierherstellung muss lange Fasern aufweisen, damit das Papier auch reißfest wird. Der Aufbau des Holzes entscheidet über die spätere Verwendungsmöglichkeit. Eichenholz ist beispielsweise hart und relativ dauerhaft, aber auch sehr schwer. Ein Dachstuhl kann daraus nicht gebaut werden, dafür eignet sich das Holz hervorragend für Möbel oder Fußböden. Fichtenholz ist fest, mittelschwer und hat lange Fasern, was es zu einem guten Holz für den Bau und auch für die Papierherstellung macht. Lindenholz ist weich und wenig flexibel, was es zu einem idealen Schnitzholz macht, ein Fußboden aus Linde hingegen ist undenkbar. Eine Vielfalt an Einsatzmöglichkeiten verlangt eine Vielfalt an Baumarten. Die späteren Verwendungs- und Absatzmöglichkeiten sind daher ein zusätzliches Kriterium bei der Baumartenwahl.

↑ **Die sogenannte Aushaltung gibt u.a. an, wie lang die einzelnen Stammabschnitte werden und variiert je nach Holzkäufer.**

Holzsortimente

So unterschiedlich wie Aufbau und Gestaltung des Holzes, so unterschiedlich sind auch die Verwendungsmöglichkeiten. Danach bzw. nach dem Wunsch des Holzkäufers richten sich auch die Sortimente und die sogenannte Aushaltung der Stammabschnitte.

Neben der Baumart entscheiden auch der Durchmesser des Baumes und die Qualität des Holzes über die späteren Verwendungsmöglichkeiten.

Qualitätsmerkmale für Holz sind ein gleichmäßiger Jahrringaufbau (alle Jahrringe etwa gleich dick), eine mittige Markröhre, ein geringer Splintholzanteil, eine möglichst dicke, astfreie Holzschicht, eine gleichmäßige Farbe ohne Fehler, gesundes Holz ohne Faulstellen, eine gerade Stammform, ein großer Durchmesser und ein möglichst perfekt runder Holzquerschnitt. Vereinzelt sind auch seltene Besonderheiten wie Riegelwuchs oder Maserknollen wertsteigernd. **Riegelwüchsiges Holz** besitzt einen welligen Faserverlauf, der beim aufgeschnittenen Holz ein wunderschönes, glänzendes Streifenmuster zeigt. **Maserknollen** entstehen, wenn Holz oder Wurzeln aufgrund von Bakterienbefall unkontrolliert zu wuchern beginnen. Die entstehenden Maserknollen haben eine sehr dekorative, an Wolken erinnernde Holzmaserung.

Je nach Sortiment ist die Art der Aushaltung verschieden. Die Aushaltung gibt unter anderem an, wie lang die einzelnen Stammabschnitte werden. Die Aushaltung variiert je nach Holzkäufer.

Wertholz

Nur die besten Stämme, die alle Qualitätskriterien erfüllen, können als Wertholz verkauft werden. Wertholzstämme sind nur selten Zufallsprodukte, sondern vielmehr das Ergebnis langjährigen und generationenübergreifenden Waldbaus. Aufgrund der hohen Ansprüche ist dieses Holz relativ selten und wird auch im Verkauf gesondert behandelt. Wertholz wird in der Regel so lange ausgehalten, wie es der Stamm in seiner Qualität zulässt. In der Regel werden Wertholzstämme per **Submission** verkauft. Das ist eine Form der Auktion, bei der anstelle von Wein oder Kunst Baumstämme versteigert werden. Das Holz wird zunächst im Forstbetrieb vermessen und nummeriert, dann zu einem großen Sammelplatz gefahren und anschließend dort nach

↑ Aufgrund der hohen Ansprüche an die Qualität, die das Ergebnis eines generationenübergreifenden Waldbaus ist, ist Wertholz relativ selten.

↑ Wertholzstämme werden in der Regel per Submission, also Auktion, verkauft.

↑ Der Großteil des geernteten Holzes geht in die Sägewerke, wo es u.a. zu Brettern, Bohlen und Latten verarbeitet wird.

↑ Holz, das für die Schnittholzherstellung zu schwach ist oder dessen Qualität nicht ausreichend ist, wird als Industrieholz genutzt.

Baumart sortiert einzeln ausgelegt. Interessierte Holzkäufer haben nun ausreichend Zeit, sich jeden Stamm genau anzusehen. Am Auktionstag erhält der Höchstbietende den Zuschlag. Wertholzstämme finden in der Regel ganz besondere Verwendung, z.B. als Furnierholz, beim Musikinstrumentenbau, als Holz für Weinfässer sowie für exklusive Vollholzmöbel und edle Holzvertäfelungen.

Rundholz für die Schnittholzproduktion

Der Löwenanteil des geernteten Holzes geht in die Sägewerke, in denen das Holz unter anderem zu Brettern, Bohlen oder Latten verarbeitet wird. Schnittholz kann grundsätzlich aus allen Baumarten hergestellt werden, in der Praxis macht den Großteil allerdings Nadelholz aus.

Welche Dimension (Dicke) das Rundholz mindestens haben muss, legt der Käufer anhand des Zopfdurchmessers fest. So wird der Durchmesser am dünnen, ehemals Richtung Baumkrone gerichteten Ende des liegenden Baumstammes bezeichnet. Die Grenze nach oben ist abhängig vom jeweiligen Sägewerk und von dessen technischer Ausstattung. Zu große Durchmesser müssen unter Umständen aussortiert und gesondert vermarktet werden. Die Stammlänge beträgt standardmäßig 4 bis 5 m inklusive 10 cm Übermaß.

Das Holz muss frei von Faulstellen sein, möglichst feinastig und gerade. Holz, das hinsichtlich seiner Dimension schnittfähig wäre, dessen Qualität allerdings nicht ausreichend ist, wird anderen Verwertungen zugeführt.

Industrieholz

Holz, das in Bezug auf die Dimension für die Herstellung von Schnittholz zu schwach ist bzw. dessen Qualität nicht ausreichend ist, wird nach der Zerkleinerung stofflich genutzt. Industrieholz wird in seiner weiteren Verarbeitung auf dem Weg zum Holzprodukt mechanisch zerkleinert (Spanplatte) bzw. chemisch aufgeschlossen. Ein chemischer

Aufschluss findet bei der Herstellung von Papier oder Zellstoff statt. Holz, das in die Papier- oder Zellstoffindustrie geht, wird auch als Faserholz bezeichnet. Es muss für diese Verwertung spezielle Qualitätskriterien erfüllen. Beispielsweise lässt nicht jedes Verfahren in der Papierherstellung die Verwendung aller Baumarten zu, und die Astanteile dürfen nicht zu groß sein, um eine ausreichende Stabilität des Papiers zu gewährleisten. Auch Faulstellen im Holz sind nicht zulässig. Die verwertbaren Durchmesser beim Industrieholz fangen bei der Derbholzgrenze (7 cm) an. Die Grenze nach oben ist technisch durch die jeweilige Industrieanlage limitiert, kann aber mitunter bei 50 cm liegen. Man unterscheidet in der Aushaltung bezüglich der Längen Industrieholz kurz (1 bis 3 m) und Industrieholz lang (alles länger als 3 m).

Brennholz

Ist das Holz keiner stofflichen Verwertung zuführbar, ist die verbleibende Verwertungsmöglichkeit thermisch, d.h. als Brennholz. Hier fällt Holz aller Baumarten und Dimensionen an. Je nach Verarbeitungstechnik (händisch oder maschinell) sind auch bei Brennholz die Qualitätsanforderungen hoch. Sogenanntes Automatenholz für die Verarbeitung in Sägespaltautomaten muss gerade und frei von Fäule sein, zudem darf es nicht zu grobastig sein.

Hackholz

Anfallendes Kronenmaterial von Bäumen kann der Bioenergieerzeugung in Form von Waldhackschnitzeln zugeführt werden. Eine Nutzung von Baumkronen kann aus Gründen des Waldschutzes sinnvoll sein, da beispielsweise die Baumkronen ausgewachsener Fichten brutfähiges Material für den Buchdrucker darstellen. Werden Käferbäume aufgearbeitet oder wird Holz während der Käferflugphase eingeschlagen, kann hier die Kronennutzung einen wichtigen Beitrag zum Borkenkäfermanagement leisten. Generell kann aber jegliches Kronenmaterial zu Waldhackschnitzeln verarbeitet werden, wobei allerdings der Nährstoffhaushalt der betroffenen Flächen gut im Auge behalten werden muss. Waldhackschnitzel nehmen eine Sonderstellung unter den Hackschnitzeln ein, da sie in ihrer Größe nicht genormt sind, ihr Feuchtigkeitsgehalt häufig höher ist als der von herkömmlichen Holzhackschnitzeln und sie zudem Feinmaterial aus den Kronen wie Zweige und Nadeln enthalten. Aus diesem Grund sind Waldhackschnitzel meist nur in Großfeuerungsanlagen verwertbar.

↑ **Das angefallene Kronenmaterial der geernteten Bäume kann zu Waldhackschnitzeln verarbeitet und der Bioenergieerzeugung zugeführt werden.**

Baumartensteckbriefe und Bestimmungshilfe

Abbildungen und Beschreibung unserer häufigsten heimischen, aber auch fremdländischen, forstlich genutzten Laub- und Nadelbaumarten.

Laubholz

Laubbäume begegnen uns in einer großen Vielfalt an Wuchsformen und Ansprüchen, lassen sich aber neben dem strukturellen Aufbau des Holzes anhand ihrer Samenanlagen eindeutig von Nadelbäumen abgrenzen. Laubbäume zählen im Gegensatz zu den Nadelbäumen zu den Bedecktsamern.

Sprechen wir von Bäumen, fallen uns zwei unterschiedliche Gruppierungen ein, Nadel- und Laubbäume. Wir verbinden dabei in erster Linie das jeweilige, typische Erscheinungsbild mit einer Gruppe. In Bezug auf Laubbäume denken viele an flächige, weiche Blätter, die im Winter abfallen, und an große, ausladende Baumkronen. Doch wie sieht es z.B. mit einer Stechpalme (*Ilex aquifolia*) aus? Sie ist immergrün, hat aber derbe, harte Blätter, die in der Haptik eher an Nadeln erinnern.

Die Welt der Laubbäume ist vielseitig, die Wuchsform, das Blatterscheinungsbild oder die Frage, ob immergrün oder sommergrün, können eine Hilfe bei der Einteilung unserer Bäume sein, jedoch stellen sie keine eindeutigen Klassifizierungsmerkmale dar. Doch unterscheiden sich Laub- und Nadelbäume wie bereits angesprochen nicht nur strukturell in Bezug auf den Aufbau des Holzes, sondern auch hinsichtlich ihrer Samenanlagen, anhand derer man Laub- und Nadelbäume in unterschiedliche Klassen einordnen kann. Laubbäume gehören zu den Bedecktsamern, den sogenannten Angiospermen. Das heißt, dass sich ihre Samenanlagen in geschlossenen Fruchtblättern (Fruchtknoten) befinden, sie dadurch »bedeckt« sind. Beispielhaft kann man sich hier die Blüte einer Vogelkirsche (*Prunus avium*) vorstellen. Den äußeren Teil der Blüte bilden dekorative, weiße Kronblätter. Im Inneren finden wir Staubblätter mit gelben Staubbeuteln an den Enden, in denen der Pollen sitzt. Das Zentrum der Blüte bildet ein versteckter Fruchtknoten mit dem sichtbar hervorstehenden Griffel und der sogenannten Narbe an der Spitze. Bei der Bestäubung treffen Pollenkörner auf die Narbe und ein Pollenschlauch wächst im Griffel in Richtung Fruchtknoten, wo die Befruchtung stattfindet. Nach dieser fallen die äußeren Blütenbestandteile (Kronblätter, Staubfäden usw.) ab, und aus dem Fruchtknoten entwickeln sich der Stein sowie das schmackhafte Fruchtfleisch und die Fruchtschale.

Rotbuche *(Fagus sylvatica)*

Standortanspruch: gesamter standörtlicher Mittelbereich, vor allem in Bezug auf den pH-Wert sehr tolerant. Ideale Wachstumsbedingungen in Feinlehm. Nicht tolerant in Bezug auf Überflutung, Staunässe, sehr humusarme Böden, Trockenheit
Lichtbedürftigkeit: Schattbaumart
Wurzelsystem: Herzwurzel
Bestäubungsform: windbestäubt
Früchte: Bucheckern, zwei dreieckige Samen pro stacheligem, vierlappigem Fruchtbecher, sehr nahrhaft, beliebt bei Tieren
Rinde: hellgrau bis hellbraun, dünn und glatt (Peridermbaum), d.h. keine grobschuppige Borke, sichelförmige Astnarben (sogenannte Chinesenbärte)
Knospen: rotbraun, spitz, lang, Knospenschuppen gut erkennbar
Blätter: dunkelgrün, eiförmig, spitz, Ränder wellig und behaart, relativ fest
Verwendung: Parkettboden, Möbel, selten als Bauholz (Leimbinder)
Wissenswertes: Buchenknospen und junge Buchenblätter können in der Küche verwendet werden und machen sich z.B. sehr gut in Salaten. Bucheckern können ebenfalls in der Küche genutzt werden, müssen jedoch vor der Verarbeitung erhitzt werden, da sie roh schwach giftig sind.

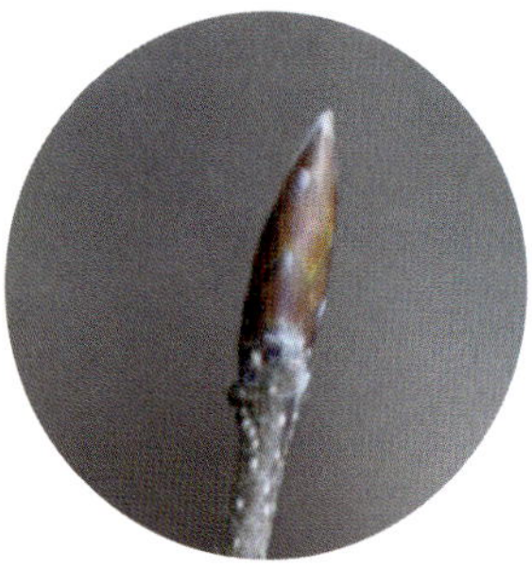

Hainbuche *(Carpinus betulus)*

Standortanspruch: standörtlicher Mittelbereich. Ideale Wachstumsbedingungen in Feinlehm. Nicht tolerant in Bezug auf Überflutung, Staunässe. Ähnlich Rotbuche.
Lichtbedürftigkeit: Halbschattbaumart
Wurzelsystem: Herzwurzel
Bestäubungsform: windbestäubt
Früchte: Nuss in dreilappiges Vorblatt gehüllt, geflügelt, Nüsse fallen einzeln vom hängenden Fruchtstand ab
Rinde: gräulich, glatt und oft spannrückig (Stammquerschnitt nicht perfekt rund, sondern wellig)
Knospen: braun, spindelförmig, spitz zulaufend
Blätter: hellgrün, eiförmig, spitz, doppelt gesägt
Verwendung: Klavierhämmer, Parkettboden (neben der Robinie [*Robinia pseudoacacia*] das härteste europäische Parkettholz)
Wissenswertes: Da sich die Hainbuche stark verzweigt und sehr schnittverträglich ist, eignet sie sich gut als Formgehölz zur Anlage von Hecken und ist deshalb auch häufig als klassisches Stilelement in Schlossgärten und Parkanlagen zu finden.

Birke *(Betula pendula)*

Standortanspruch: anspruchslos in Bezug auf Wasser und Nährstoffe, auch flachgründige, kiesige Böden, trockene Standorte
Lichtbedürftigkeit: Lichtbaumart (Pionierbaumart)
Wurzelsystem: Herzwurzel
Bestäubungsform: windbestäubt
Früchte: sehr kleine geflügelte Nüsse, Flügelnüsse fallen meist beim Freilassen der Samen einzeln ab
Rinde: in der Jugend weiß, später bei einsetzender Borkenbildung am Stammfuß schwarz und rau
Knospen: braun, eiförmig, spitz zulaufend, Spitze häufig glänzend
Blätter: hellgrün, abgerundete Dreiecks- bis schwache Rautenform, Blattoberfläche glatt, Ränder doppelt gesägt
Verwendung: Möbel, Faserholz
Wissenswertes: Im Frühling kann Birkenwasser gewonnen werden, das sowohl in der Körperpflege als auch als Getränk verwendet werden kann. Dabei wird eine Art Hahn oder Ausgießer in den Baum eingeschlagen und ein Auffangbehälter daran befestigt. Insbesondere in Skandinavien hat die Gewinnung von Birkenwasser eine große Tradition. Doch Vorsicht: Das Einschlagen eines Hahnes in den Baum stellt eine Verletzung des Baumes dar, die das Holz entwerten kann. Gehört einem der Baum nicht, handelt es sich um vorsätzliche Sachbeschädigung.

Schwarzerle *(Alnus glutinosa)*

Standortanspruch: überflutungstolerant, Standorte mit Staunässe und Grundwassereinfluss möglich
Lichtbedürftigkeit: Lichtbaumart (vor allem in der Jugend)
Wurzelsystem: Herzwurzel
Bestäubungsform: windbestäubt
Früchte: Zapfen mit Nüssen
Rinde: dunkelgrau bis schwarz, grobe, plattenförmige Borke
Knospen: violett, eiförmig, langer Stiel, nur wenige Knospenschuppen
Blätter: rund, zum Blattstiel hin verjüngend, charakteristische Einkerbung am Blattende, doppelt gesägt
Verwendung: Möbel, Drechselholz
Wissenswertes: Die Schwarzerle geht in ihrem Wurzelwerk eine Symbiose mit Knöllchenbakterien (sogenannten Rhizobien) ein. Dadurch wird Stickstoff pflanzenverfügbar gebunden. Die Erle stellt im Boden mithilfe von Bakterien quasi ihren eigenen Dünger her.

Schwarzpappel *(Populus nigra)*

Standortanspruch: Baumart der Auenwälder, sehr gute Wasserversorgung, überflutungstolerant
Lichtbedürftigkeit: Lichtbaumart (Pionierbaumart)
Wurzelsystem: Senkerwurzel
Bestäubungsform: windbestäubt
Früchte: in weiße Haare gehüllte Samen, bei massenhaftem Vorkommen bilden sich watteähnliche Samenteppiche auf dem Waldboden
Rinde: dunkelgrau, grobe Borke, längsrissig, z. T. Netzstruktur
Knospen: rötlich braun, relativ groß, spitz, klebrig
Blätter: abgerundete Dreiecks- bis schwache Rautenform, glatt, Ränder gezähnt, Blattform kann variieren
Verwendung: Holzskulpturen, Leichtbau (z. B. Wohnwagen und Wohnmobile)
Wissenswertes: Die Schwarzpappel hat die Eigenart, sich mit anderen Pappelarten zu kreuzen, weshalb sie in genetisch reiner Form eine Seltenheit darstellt.

Zitterpappel *(Populus tremula)*

Standortanspruch: hohe ökologische Amplitude, auch im Gebirge und in sehr trockenen Gebieten vorkommend, im Idealfall lockere, humusreiche, mäßig bis gut wasserversorgte Böden
Lichtbedürftigkeit: Lichtbaumart (Pionierbaumart)
Wurzelsystem: in der Jugend Pfahlwurzel, später Förderung der Seitenwurzeln, Ausbildung eines oberflächennahen Wurzelsystems
Bestäubungsform: windbestäubt
Früchte: sehr kleine gelbliche Samen mit Haaren
Rinde: in der Jugend glatt, hellgrau mit dunkelgrauen, rautenförmigen Rissen, später hellgrau bis grau, längs eingerissen
Knospen: braun, spitz zulaufend, glänzend, klebrig
Blätter: seitlich abgeplatteter Stiel, rundliche Blattform, Ränder gewellt, Unterseite heller
Verwendung: Streichhölzer, Obstkisten, Sperrholz, Leichtbau (z.B. Wohnwagen und Wohnmobile), Zellstoff
Wissenswertes: Ihren Namen hat die Zitterpappel von ihren Blättern. Die Blattstiele der Zitterpappel sind seitlich stark abgeflacht, wodurch bereits leichter Wind eine waagrechte Bewegung der Blätter erzeugt. Durch diese Bewegung entsteht ein für die Zitterpappel charakteristisches rauschendes Geräusch in der Baumkrone.

Salweide *(Salix caprea)*

Standortanspruch: Baumart der Weichholzaue, frische bis feuchte Böden, überflutungstolerant, keine sehr trockenen Standorte
Lichtbedürftigkeit: Lichtbaumart (Pionierbaumart)
Wurzelsystem: Senkerwurzel
Bestäubungsform: insektenbestäubt
Früchte: grüne, längliche Samenkapseln mit mehreren Samen
Rinde: hellgrau, anfänglich glatt und rautenförmig eingerissen (ähnlich Zitterpappel), später deutliche, z. T. netzartige Längsrisse
Knospen: rötlich bis braun, am Zweig anliegend, gedrungen, rundlich mit Spitze
Blätter: ovale Form mit Spitze, raue Oberfläche, oberseitig dunkelgrün, unterseitig weißlich bis hellgrün
Verwendung: Zellstoff, Blüten als Palmkätzchen in der Osterzeit
Wissenswertes: Die Salweide blüht bereits im März. Zu dieser Zeit sind noch kaum andere Blütenpflanzen sichtbar, sodass die Salweide eine große ökologische Bedeutung für Insekten hat.
Von Imkern wird sie deshalb gerne gepflanzt.

Silberweide *(Salix alba)*

Standortanspruch: Baumart der Weichholzaue, besonders an Flüssen, überflutungstolerant, frische bis nasse Böden
Lichtbedürftigkeit: Lichtbaumart (Pionierbaumart)
Wurzelsystem: Senkerwurzel (sehr weitläufig)
Bestäubungsform: insektenbestäubt
Früchte: in weiße Haare gehüllte kleine Samen, die als watteähnliche Samenteppiche häufig auf der Oberfläche von Weihern und Badeseen zu finden sind
Rinde: hellgrau, netzartig (vor allem in der Jugend) bis senkrecht eingerissen
Knospen: hellgrün bis rötlich, klein, eng anliegend, spitz zulaufend
Blätter: lanzettförmig, schmal und spitz zulaufend, anfangs vollständig, später unterseitig weiß behaart (daher der silberne Eindruck des Baumes)
Verwendung: Energieholz, Prothesen, Blindholz (z. B. Trägerholz für kostbare Furniere), Rinde als Schmerzmittel (Salicin), Ruten für Flechtwerk
Wissenswertes: Eine häufige Form der Silberweide ist die Kopfweide. Dabei handelt es sich um Weiden, deren Stamm in der Höhe auf wenige Meter eingekürzt wird und dessen Krone dann infolge regelmäßiger Rückschnitte unzählige dünne Ruten bildet, die z. B. zum Korbflechten verwendet werden können. Das Einkürzen und auch das Erziehen der Krone muss unbedingt in der Jugend erfolgen.

Stieleiche *(Quercus robur)*

Standortanspruch: ideale Bedingungen im standörtlichen Mittelbereich (nährstoffreiche, frische Lehme), aber auch auf Böden mit Staunässe und an trockenen Standorten vorkommend
Lichtbedürftigkeit: Lichtbaumart
Wurzelsystem: in der Jugend Pfahlwurzel, später Herzwurzel
Bestäubungsform: windbestäubt
Früchte: nahrhafte Eicheln in flachen Fruchtbechern, Eicheln gestielt (namensgebend, Früchte der Traubeneiche [*Quercus petraea*] sind dagegen nicht gestielt)
Rinde: hellgrau, sehr grob längs eingerissen
Knospen: mehrere dunkelbraune Knospen am Triebende, Knospen gedrungen, spitz zulaufend, zahlreiche, hell abgegrenzte Knospenschuppen
Blätter: sehr kurzer Blattstiel, Blatt verjüngt sich in Richtung Blattstiel, Ränder gelappt, Basis des Blattes hat »Öhrchen«
Verwendung: dauerhaftes Holz z. T. für den Außenbereich, Furnier, Möbel, Pfahlbauten, Stegbau, Konstruktionsholz, Bootsbau, Weinfässer, Parkett
Wissenswertes: Neben der Stieleiche gibt es noch die Traubeneiche (*Quercus petraea*). Sie ist ebenfalls eine heimische Baumart und der Stieleiche zum Verwechseln ähnlich. Die Stieleiche bevorzugt frischere (gut wasserversorgte) Standorte, die Traubeneiche dagegen eher trockenere.

Bergahorn *(Acer pseudoplatanus)*

Standortanspruch: Baumart des Bergmischwaldes, der Hartholzaue und der Schluchtwälder, kühlere Klimate, Böden mit guter Wasserversorgung, keine Staunässe
Lichtbedürftigkeit: Halbschattbaumart
Wurzelsystem: in der Jugend Pfahlwurzel, später Herzwurzel
Bestäubungsform: insektenbestäubt (z. T. windbestäubt)
Früchte: geflügelte Nüsse, Spaltfrucht mit zwei im spitzen Winkel abstehenden Flügeln (in der Form eines Kleiderbügels), im Volksmund werden Früchte der Ahornarten auch Nasenzwicker genannt
Rinde: in der Jugend graubraun, dünn und glatt (ähnlich Rotbuche [*Fagus sylvatica*]), später hellgrau bis bräunlich mit abplatzenden Schuppen
Knospen: sattgrün mit dunklen Spitzen an den Knospenschuppen (ähnlich einer Artischocke), Endknospe größer als Seitenknospen, Seitenknospen abstehend
Blätter: fünflappig, Ränder fein gesägt, Enden der Lappen kurz und spitz zulaufend, markante Blattadern in der Mitte jedes Lappens
Verwendung: Parkett, Furnier, Möbel, Musikinstrumente, Drechselhandwerk, Schnitzerei
Wissenswertes: Die Samen des Bergahorns sind hochgiftig für Pferde, weshalb in der Nähe von Koppeln keine Bergahorne gepflanzt werden sollten.

Spitzahorn *(Acer platanoides)*

Standortanspruch: Baumart der Hartholzaue, bestes Wachstum auf tiefgründigen, feuchten, nährstoffreichen Böden, Wachstum auch bei Trockenheit und auf Geröllböden
Lichtbedürftigkeit: Halbschattbaumart bis Lichtbaumart
Wurzelsystem: Herzwurzel
Bestäubungsform: insektenbestäubt
Früchte: geflügelte Nüsse, Spaltfrucht, Flügel weniger stark gewinkelt als beim Bergahorn, fast waagrecht abstehend
Rinde: grau bis dunkelgrau, in der Jugend glatt, später feines, längs verlaufendes Rissmuster in der Borke
Knospen: ähnlich dem Bergahorn (*Acer pseudoplatanus*), aber rot, Seitenknospen am Triebende kaum sichtbar
Blätter: fünflappig, mit lang gezogenen Spitzen
Verwendung: Drechsel- und Schreinerhandwerk, Küchenutensilien, Parkett, Möbel, Schlitten
Wissenswertes: Ähnlich wie beim Kanadischen Zuckerahorn (*Acer saccharum*) lässt sich im Frühjahr aus dem Spitzahorn ein süßer Saft gewinnen, der zu Sirup verkocht werden kann. Allerdings ist die Ausbeute nicht so ergiebig wie beim Zuckerahorn, zudem wird der Baum durch das Anzapfen geschädigt.

Feldahorn *(Acer campestre)*

Standortanspruch: feuchte bis wechseltrockene Bedingungen, gute Nährstoffversorgung, hitzetolerant
Lichtbedürftigkeit: Halbschattbaumart bis Lichtbaumart
Wurzelsystem: Herzwurzel
Bestäubungsform: insektenbestäubt
Früchte: geflügelte Nüsse, Spaltfrucht, Flügel waagrecht abstehend, ähnlich Spitzahorn, jedoch deutlich kleiner
Rinde: hellgrau bis graubraun, sehr fein längs, z.T. in Platten eingerissen
Knospen: braun, eiförmig, spitz, kleiner als bei den anderen beiden heimischen Ahornarten Berg- und Spitzahorn (*Acer pseudoplatanus* und *Acer platanoides*), Korkleisten z.T. schon an jungen Trieben erkennbar
Blätter: drei- bis fünflappig, abgerundete Enden an den Lappen, oberseitig hellgrün, unterseitig gräulich, Blätter kleiner als bei Berg- und Spitzahorn (*Acer pseudoplatanus* und *Acer platanoides*)
Verwendung: Drechsel- und Schreinerhandwerk, Schnitzerei, Werkzeuge
Wissenswertes: Der Feldahorn wächst häufig strauchförmig. Er ist ein Baum zweiter Ordnung, der meist nur bis zu 15 m hoch wird. Er ist ein beliebtes Feldgehölz, das vielen Insekten Nahrung bietet.

Bergulme *(Ulmus glabra)*

Standortanspruch: Baumart des Bergmischwaldes, frische, nährstoffreiche Böden, gute Wasserversorgung, nicht überflutungstolerant
Lichtbedürftigkeit: Halbschattbaumart, z.T. Schattbaumart
Wurzelsystem: in der Jugend Pfahlwurzel, später Pfahl-Herzwurzel
Bestäubungsform: windbestäubt
Früchte: mittig in einem ovalen Flügel sitzende Nuss, etwa fingerabdruckgroß
Rinde: grau bis braun, tiefe Längsrisse
Knospen: dunkelbraun, behaart, Knospenschuppen erkennbar
Blätter: dunkelgrün, raue Oberfläche, asymmetrischer Blattansatz, drei verlängerte Blattspitzen, Ränder doppelt gesägt
Verwendung: Furnier, Möbel, Werkzeuge
Wissenswertes: Eine von aus Asien eingeschleppten Schlauchpilzen verursachte und durch den Großen Ulmensplintkäfer sowie den Kleinen Ulmensplintkäfer verbreitete Pilzerkrankung führte in den letzten Jahrzehnten zum sogenannten Ulmensterben, auch Holländische Ulmenwelke genannt. Davon betroffen sind hauptsächlich die Berg- und die Feldulme (eher selten die Flatterulme). Viele Jahre war eine Erfolg versprechende Pflanzung von Ulmen aus diesem Grund aussichtslos.

Flatterulme *(Ulmus laevis)*

Standortanspruch: Baumart der Auen- und Bruchwälder, überflutungstolerant, im Allgemeinen gut wasserversorgte Boden
Lichtbedürftigkeit: Halbschattbaumart bis Lichtbaumart
Wurzelsystem: Pfahl-Herzwurzel, Ausbildung von Brettwurzeln (z.T. mehrere Meter hohe, sternförmig um den Stammfuß wachsende, aufgrund ihrer Fläche brettähnliche Wurzeln) möglich
Bestäubungsform: windbestäubt
Früchte: ovale Flügelnuss, ähnlich Bergulme (*Ulmus glabra*), allerdings kleiner und am Rand dicht bewimpert
Rinde: rötlich braun, feinborkiger als Bergulme
Knospen: rötlich braun mit dunkelbraunen Rändern an den Knospenschuppen, länglich, spitz
Blätter: hellgrün bis sattgrün, raue Oberfläche, stark asymmetrischer Blattansatz, Ränder doppelt gesägt, eine auslaufende Blattspitze
Verwendung: ähnlich Bergulme, Maserholz (z. B. für Möbel oder Kleingegenstände wie Füllfederhalter nutzbar) möglich
Wissenswertes: Das Holz der Flatterulme erfordert viel Erfahrung in der Verarbeitung, da es dazu neigt, sich zu verwerfen und zu verdrehen.

Esche *(Fraxinus excelsior)*

Standortanspruch: Baumart der Auenwälder (Eichen-Ulmen-Hartholzaue), tiefgründige, frische bis feuchte Böden, kein Spätfrost, nicht zu heiß bzw. zu trocken
Lichtbedürftigkeit: Halbschattbaumart
Wurzelsystem: Senkerwurzel
Bestäubungsform: windbestäubt
Früchte: braune, lanzettförmige, einsamige Nüsse, an Fruchtständen in größerer Stückzahl herabhängend
Rinde: grau, stark längs eingerissen
Knospen: tiefschwarz, Endknospe dreieckig, Seitenknospen kugelig
Blätter: hellgrün, Fiederblätter, Einzelblätter eiförmig, zugespitzt, Ränder gesägt
Verwendung: Parkett, Möbel, Werkzeuge
Wissenswertes: Aufgrund des Eschentriebsterbens ist die Esche in ihrem Bestand in Mitteleuropa stark gefährdet. Eine Anzucht in der Baumschule ist aktuell nicht möglich. Die Esche hat als Weltesche »Yggdrasil« in der nordischen Mythologie große Bedeutung: Beginnt die Yggdrasil, die als Weltenbaum den gesamten Kosmos verkörpert, zu welken und stirbt schließlich, so stirbt auch die gesamte Schöpfung, die sich von ihr nährt.

Vogelkirsche *(Prunus avium)*

Standortanspruch: nährstoffreiche, bevorzugt kalkreiche Böden mit guter Wasserversorgung, keine Staunässe
Lichtbedürftigkeit: Halbschattbaumart bis Lichtbaumart
Wurzelsystem: Herzwurzel
Bestäubungsform: insektenbestäubt
Früchte: Steinfrüchte in rotes, essbares Fruchtfleisch gehüllt, paarige Anordnung
Rinde: rötlich bis gräulich, leicht in waagrechten Ringen eingerissen, im hohen Alter z.T. längsrissig
Knospen: rötlich braun, z.T. Häufung von Knospen, gedrungen, spitz zulaufend, Knospenschuppen gut erkennbar
Blätter: dunkelgrün, eiförmig, zum Stiel hin verjüngend, gesägt, auslaufende markante Spitze, Nektardrüsen am Blattgrund
Verwendung: Möbel, Parkett, Furnier, Messergriffe, Musikinstrumente
Wissenswertes: Die Vogelkirsche gehört zu den Baumarten mit einem relativ geringen maximalen Lebensalter (etwa 100 Jahre). Vogelkirschen muss man im Alter genau beobachten, um das wertvolle Holz ernten zu können, bevor der Baum zu faulen beginnt.

Vogelbeere *(Sorbus aucuparia)*

Standortanspruch: Gebirgsbaumart, daher frosthart (kein Problem mit Spätfrost und langen Niedrigtemperaturphasen), Böden mit Humusauflage, ausreichend Niederschlag
Lichtbedürftigkeit: Lichtbaumart (Pionierbaumart)
Wurzelsystem: Senkerwurzel
Bestäubungsform: insektenbestäubt
Früchte: kleine rote Apfelfrüchte (sehen eher aus wie kleine Beeren), in Rispen angeordnet
Rinde: ähnlich Vogelkirsche (*Prunus avium*), grau mit waagrechten Einrissen, später längsrissige Borke
Knospen: gräulich, relativ groß, länglich, behaart
Blätter: hellgrün, Fiederblätter (ähnlich Esche [*Fraxinus excelsior*]), Ränder gesägt, Einzelblätter lanzettförmig
Verwendung: Holz für Kunsthandwerk, Spazierstöcke
Wissenswertes: Bei dem Wort Vogelbeere läuten bei vielen sofort die Alarmglocken: »Giftig!« Doch genau das Gegenteil ist der Fall: Die Früchte der Vogelbeere sind essbar und lassen sich beispielsweise zu schmackhaften Marmeladen verarbeiten. Es gibt sogar Züchtungsformen, die weniger Bitterstoffe enthalten.

Elsbeere *(Sorbus torminalis)*

Standortanspruch: kalkhaltige Böden mit guter Nährstoffausstattung, auch an wechseltrockenen Standorten vorkommend, sehr wärmebedürftig
Lichtbedürftigkeit: Lichtbaumart
Wurzelsystem: in der Jugend Pfahlwurzel, später Herzwurzel
Bestäubungsform: insektenbestäubt
Früchte: rotbraune, ovale Apfelfrüchte (beerenartige Scheinfrüchte)
Rinde: hellgrau, in senkrecht verlaufenden Schuppen abplatzende Borke
Knospen: ähnlich Ahorn, gelblich bis rötlich, rundkuppig, Knospenschuppen dunkel abgegrenzt
Blätter: gelappt, spitz zulaufende Enden, Ränder unregelmäßig gesägt, Blattunterseite heller
Verwendung: exklusive Möbel (Wertholz), Furnier
Wissenswertes: Das Holz der Elsbeere gehört zu dem seltensten und teuersten in Deutschland. Aus den Früchten der Elsbeere lässt sich ein hervorragender Schnaps brennen.

Winterlinde *(Tilia cordata)*

Standortanspruch: eher tiefgründige, frische bis mäßig trockene Böden, Lehme mit guter Nährstoffausstattung
Lichtbedürftigkeit: Halbschattbaumart
Wurzelsystem: in der Jugend Pfahlwurzel, später Herzwurzel
Bestäubungsform: insektenbestäubt
Früchte: grünlich braune, kugelige Früchte mit Nüssen, mehrere Früchte an einem Stiel mit Vorblatt zusammenlaufend
Rinde: grau bis braun, in langen Furchen längs eingerissen
Knospen: rötlich bis hellgrün, eiförmig, zwei Knospenschuppen erkennbar, bauchartige Ausbuchtung
Blätter: herzförmig, Ränder leicht gesägt
Verwendung: Kunsthandwerk, kleinere Möbelteile, Resonanzholz für Musikinstrumente, ehemals auch zur Schießpulverherstellung und in der Metallindustrie zur Bunthärtung genutzt
Wissenswertes: Für Bienen und Schmetterlinge ist die Winterlinde aufgrund ihrer Blüte eine wertvolle Baumart. Darüber hinaus lässt sich aus den Blüten ein aromatischer Heiltee kochen.
Neben der häufigen Winterlinde gibt es in Mitteleuropa auch die seltene Sommerlinde (*Tilia platyphyllos*). Ihr Erscheinungsbild ist der Winterlinde sehr ähnlich. Sie kommt an trockenen Standorten mit Schutt und Geröll vor.

Stechpalme *(Ilex aquifolium)*

Standortanspruch: humusreiche Böden, frisch bis mäßig trocken, spätfrostgefährdet
Lichtbedürftigkeit: Schattbaumart
Wurzelsystem: Senkerwurzel
Bestäubungsform: insektenbestäubt
Früchte: kleine leuchtend rote Steinfrüchte (beerenartige Erscheinung)
Rinde: hellgrau bis ockerfarben, glatt
Knospen: hellgrün, fast triebfarben, Terminalknospe unscheinbar, pyramidenförmig, spitz zulaufend, Blütenknospen traubenartig
Blätter: dunkelgrün, hartlaubig, stechende Spitzen
Verwendung: Drechslerhandwerk, Spazierstöcke, Messergriffe
Wissenswertes: Die Stechpalme ist die einzige in Mitteleuropa einheimische immergrüne Laubbaumart.

Wildbirne *(Pyrus pyraster)*

Standortanspruch: basenreiche, gut wasserversorgte Böden, auch an trockenen Standorten vorkommend, keine Staunässe
Lichtbedürftigkeit: Lichtbaumart
Wurzelsystem: Pfahlwurzel, z.T. Herzwurzel
Bestäubungsform: insektenbestäubt
Früchte: rötliche, harte, birnenförmige, fleischige Früchte
Rinde: hellgrau, Borke platzt kachelförmig auf
Knospen: dunkelbraun, zugespitzt, Stacheln an den Zweigen
Blätter: dunkelgrün, oval mit Spitze, glattrandig, glänzend
Verwendung: Kunsthandwerk, Drechselhandwerk, Kleinmöbel
Wissenswertes: Die Wildbirne hat eine sehr hohe ökologische Bedeutung. Die Blüten sind wichtige Nahrungsquelle für viele Insekten, später im Jahr fallen die holzigen Früchte der Wildbirne vom Baum, die auch von Wildtieren gerne gefressen werden. Im gleichen Zusammenhang ist auch der Holzapfel (*Malus sylvestris*) zu nennen, der die gleichen Eigenschaften wie die Wildbirne besitzt.

Roteiche *(Quercus rubra)*

Standortanspruch: lockere Böden, gemäßigtes Klima, hohe Toleranz gegenüber Trockenheit und Nährstoffarmut, kein anstehendes Grundwasser und keine Staunässe
Lichtbedürftigkeit: Lichtbaumart
Wurzelsystem: in der Jugend Pfahlwurzel, später Herzwurzel
Bestäubungsform: windbestäubt
Früchte: runde, dicke Eichel in flachem Fruchtbecher, Eicheln dicker, größer und runder als bei Stiel- und Traubeneiche
Rinde: grau bis braun, fein längs in langen Furchen eingerissen
Knospen: dunkelbraun, spitz, ähnlich Stieleiche (*Quercus robur*), allerdings mit weniger Beiknospen am Triebende
Blätter: ähnlich den einheimischen Eichenarten, jedoch kantig und mit markanten Spitzen an den Enden der Lappen, hartlaubig, Blätter z.T. sehr groß
Verwendung: Innenausbau, Türen, Parkett
Wissenswertes: Die Roteiche wächst merklich schneller als Stiel- und Traubeneiche (*Quercus robur* und *Quercus petraea*), jedoch ist ihr Holz weniger dauerhaft, und das Laub wird relativ schlecht abgebaut. Ähnlich wie bei Nadelbäumen verbleibt das Laub der Roteiche lange auf dem Boden und reichert unter Umständen ungewünschte Humusformen an.

Schwarznuss *(Juglans nigra)*

Standortanspruch: kein Spätfrost, beste Standorte: hoher Nährstoffgehalt, lockere und tiefgründige, gut wasserversorgte Böden, mittlere pH-Werte
Lichtbedürftigkeit: Lichtbaumart
Wurzelsystem: Pfahlwurzel
Bestäubungsform: windbestäubt
Früchte: hellgrüne Früchte mit sehr harter, dickschaliger Nuss – reife Früchte fallen zu Boden, wodurch sich die Fruchthülle löst und die Nuss freigelegt wird
Rinde: dunkelbraun, sehr stark gefurcht
Knospen: gräulich und stark behaart, Endknospe länglich und unförmig, Seitenknospen kugelig, markante Blattnarbe am Trieb
Blätter: Fiederblätter, paarige Anordnung der Einzelblätter, eiförmig mit Spitze, Ränder gesägt
Verwendung: Furnier, exklusive Möbel (Wertholz), Parkett, Drechselhandwerk, Gewehrschäfte
Wissenswertes: Die Nüsse der Schwarznuss sind essbar. Allerdings sind sie weniger aromatisch (etwas bitterer) als die Nüsse der Walnuss (*Juglans regia*) und zudem unfassbar schwer zu knacken.

Walnuss *(Juglans regia)*

Standortanspruch: standörtlicher Mittelbereich, warme Standorte, lockere und gut durchlüftete Böden, keine Staunässe
Lichtbedürftigkeit: Lichtbaumart
Wurzelsystem: Pfahlwurzel
Bestäubungsform: windbestäubt
Früchte: grüne Früchte mit dickschaliger Nuss, Nüsse weniger hart als jene der Schwarznuss – reife Früchte fallen zu Boden, wodurch sich die Fruchthülle löst und die Nuss freigelegt wird
Rinde: hellgrau, in der Jugend relativ glatt, später deutlich längs eingerissen
Knospen: grau, gedrungen, rundkuppig, stark behaart, markante Blattnarbe des Fiederblatts am Trieb
Blätter: glatte Fiederblätter mit weniger Einzelblättern als bei der Schwarznuss, Blattadern gut erkennbar, Ränder glatt, Endblatt einer Fieder vergrößert
Verwendung: Furnier, exklusive Möbel (Wertholz), Parkett, Drechselhandwerk, Gewehrschäfte
Wissenswertes: Da Walnussbäume auch zur Nussernte angebaut werden, ist ihre Herkunft entscheidend. Werden sie zur Fruchterzeugung genutzt, sollen sie nicht zu hoch wachsen, sondern ihre Energie in die Nüsse investieren. Bei einem Forstbaum steht das Holz im Fokus, erzeugt durch eine gerade Stammachse. Daher sollte ausschließlich forstliches Vermehrungsgut verwendet werden.

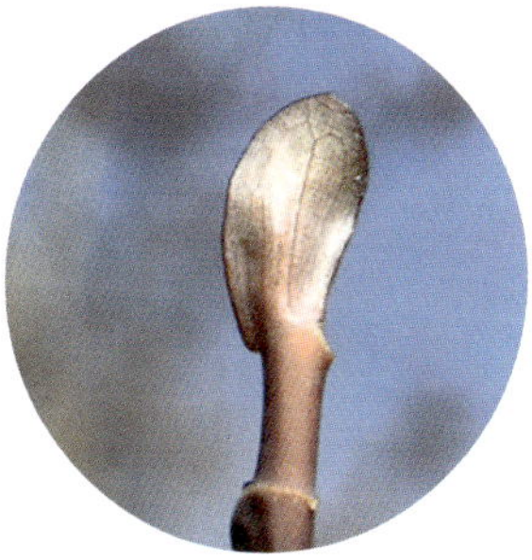

Tulpenbaum *(Liriodendron tulipifera)*

Standortanspruch: klimatisch flexibel, beste Standorte: hoher Nährstoffgehalt, lockere und tiefgründige, gut wasserversorgte Böden, keine Staunässe
Lichtbedürftigkeit: Lichtbaumart
Wurzelsystem: Pfahlwurzel
Bestäubungsform: insektenbestäubt
Früchte: zapfenähnlicher Fruchtstand mit lanzettförmigen, dünnhäutigen hellbraunen Flügelnüssen
Rinde: graubraun, im Alter längs verlaufend, längs in langen Bahnen eingerissen
Knospen: violett, Endknospe rund, seitlich abgeplattet, Form wie ein Entenschnabel
Blätter: hellgrün, Blattadern gut erkennbar, vierfach gelappt mit spitzen Enden, Blätter z.T. sehr groß
Verwendung: Furnier, Bauholz, Möbel
Wissenswertes: Seinen Namen hat der Tulpenbaum von seinen wunderschönen Blüten, die stark an Tulpen erinnern. Sie duften verführerisch nach süßem Gebäck, doch Vorsicht, der Tulpenbaum ist giftig!

Edelkastanie *(Castanea sativa)*

Standortanspruch: hohe Nährstoffausstattung, warme, kalkarme Standorte, gut wasserversorgte Böden, kein Spätfrost
Lichtbedürftigkeit: Lichtbaumart
Wurzelsystem: Pfahlwurzel
Bestäubungsform: insektenbestäubt
Früchte: dunkelbraune bis rötlich braune, glänzende Nüsse (Maroni) in hellgrünem, später hellbraunem, stacheligem Fruchtbecher, meist mehrere Nüsse pro Fruchtbecher
Rinde: braun, sehr fein und oberflächlich längs eingerissen
Knospen: Farbübergang von rötlich bis grün, rundlich, gedrungen, matt, schwach zugespitzt
Blätter: sattgrün, lanzettförmig, groß, derb, Ränder gesägt, Blattadern gut erkennbar
Verwendung: ähnlich Eiche (*Quercus spec.*), Möbel, Stegbau, Bauholz
Wissenswertes: Die Edelkastanie kennen viele in Form ihrer Frucht: als Maroni vom Wintermarkt. Für die Edelkastanie gilt aufgrund ihrer Bedeutung in der Nahrungsmittelproduktion in Bezug auf die Herkunft das Gleiche wie für die Walnuss. Soll der Baum forstwirtschaftlich genutzt werden, ist auf eine forstliche Herkunft zu achten.

Rosskastanie *(Aesculus hippocastanum)*

Standortanspruch: tiefgründige, frische, nährstoffreiche Böden, gutes Wachstum als Solitärbaum
Lichtbedürftigkeit: Halbschattbaumart
Wurzelsystem: in der Jugend Pfahlwurzel, später Förderung der Seitenwurzeln
Bestäubungsform: insektenbestäubt
Früchte: grüne stachelige Kapselfrüchte mit großem rotbraunem, glänzendem Samen, häufig nur ein Samen pro Kapselfrucht
Rinde: grau bis braun, plattenförmig eingerissen bzw. abgeplatzt
Knospen: dunkelbraun, sehr groß, klebrig, glänzend, spitz zulaufend, Knospenschuppen erkennbar
Blätter: hellgrün, faltig wirkend, Fiederblatt mit sieben elliptischen Fingern, die am Ende leicht spitz zulaufen
Verwendung: Brennholz, Prothesen, Obstkisten, Schnitzerei
Wissenswertes: In Biergärten wurde das Bier früher ausschließlich in sogenannten Bierkellern gelagert. Die Oberflächen der Anlagen wurden mit Kies belegt und mit Rosskastanien bepflanzt, die mit ihren ausladenden Kronen und großen Fiederblättern kühlenden Schatten spendeten und somit als natürlicher »Bio-Kühlschrank« fungierten.

Robinie *(Robinia pseudoacacia)*

Standortanspruch: Weinbauklima, kein Spätfrost, geringe Ansprüche an die Nährstoffausstattung, eher trockenere Bedingungen, kein anstehendes Grundwasser und keine Staunässe
Lichtbedürftigkeit: Lichtbaumart (Pionierbaumart)
Wurzelsystem: Pfahlwurzel, oberflächennah stark ausgeprägt
Bestäubungsform: insektenbestäubt
Früchte: schotenähnliche graubraune Hülsen mit Samen
Rinde: hellgrau bis hellbraun, im Alter tiefe netzartige, längs verlaufende Risse
Knospen: triebfarben, verdeckt, nicht sichtbar, zwischen den paarigen Stacheln liegend
Blätter: Fiederblätter mit runden Einzelblättern, Blatt am Ende der Fieder an der Spitze eingekerbt, Ränder glatt
Verwendung: Holz für den Außenbereich, Möbel, Pfahlbauten
Wissenswertes: Die Robinie neigt dazu, sich vegetativ stark über Wurzelbrut zu vermehren. Das führt dazu, dass sie sich von einem einmal »eroberten« Standort nur mit großem Aufwand wieder entfernen lässt.

Nadelholz

Nadelbäume zählen im Gegensatz zu den Laubbäumen zu den Nacktsamern und sind entwicklungsgeschichtlich deutlich älter als die artenreichen Bedecktsamer. Unter den Nacktsamern stellt für uns die bedeutendste Klasse die der Kiefernartigen (Koniferen) dar.

Nadelbäume sind leicht zu erkennen, sie wachsen schlank (monopodial) in die Höhe, haben Nadeln oder Schuppen, die schmal und dick, z.T. auch spitz sind und sie sind immergrün. Oder nicht? Hier fällt schnell auf, dass es einige Arten gibt, die nach dieser rein optischen Abgrenzung aus der Reihe tanzen. Unsere Lärche *(Larix decidua)* z.B. hat weiche Nadeln und ist sommergrün. In Südostasien gibt es beispielsweise die Gattung der Kauri-Bäume (Agathis), deren Nadeln groß und flächig sind, wodurch sie wie Laubblätter aussehen.

Eine entscheidende Gemeinsamkeit aller Bäume, die wir als Nadelbäume bezeichnen, ist neben dem strukturellen Aufbau des Holzes - konsequent aus Tracheiden - die Zugehörigkeit zu den Nacktsamern (Gymnospermen). Im Gegensatz zu den Bedecktsamern, zu denen unsere Laubbäume gehören, sind die Samenanlagen nicht von Fruchtblättern umschlossen, sondern liegen offen und sind somit »nackt«. Innerhalb der Nacktsamer gehören unsere heimischen Nadelbäume zu den Kiefernartigen (Koniferen). Diese sind meist getrenntgeschlechtlich und einhäusig, was bedeutet, dass auf derselben Pflanze getrennt voneinander sowohl weibliche als auch männliche Blüten, die den Pollen entlassen, vorkommen. Die weiblichen Blüten der Kiefernartigen begegnen uns als Zapfen. Die Samenanlage befindet sich auf den sogenannten Samenschuppen des Zapfens. Nach der Befruchtung bildet sich auf der Samenschuppe ein reifer Samen mit Fruchtschuppe, die zur Verbreitung des Samens dient. Entwicklungsgeschichtlich sind Nacktsamer deutlich älter als die Bedecktsamer. Unter den Nacktsamern gibt es auch lebende Fossilien, wie z.B. den Ginkgo (*Ginkgo biloba*). Er ist der einzige lebende Vertreter der Ginkgoartigen, die neben den Kiefernartigen eine eigene Klasse unter den Nacktsamern bildet. Die artenreichste Pflanzengruppe stellen heute allerdings die Bedecktsamer dar.

Fichte *(Picea abies)*

Standortanspruch: tiefgründige und gut durchlüftete Böden, leichte Wasserverfügbarkeit (kein gebundenes Wasser), keine Staunässe
Lichtbedürftigkeit: Halbschattbaumart
Wurzelsystem: Senkerwurzel
Bestäubungsform: windbestäubt
Zapfen: hellbraun, länglich, spitz zulaufend, schlank. Zapfen hängen am Zweig, öffnen sich auf dem Baum und fallen als ganzer Zapfen zu Boden.
Rinde: rotbraun, Rinde in kleinen Platten eingerissen (Rindenschuppen)
Triebe und Nadeln: spitze gelbgrüne Nadeln, Nadelansatz geht direkt in den Holzkörper des Zweigs über, Benadelung rund um die Triebe
Verwendung: Konstruktionsholz, Möbel, Paletten
Wissenswertes: Aufgrund ihrer Herkunft aus Gebieten mit hohen Niederschlagsmengen (Gebirge) ist die Fichte an die leichte Verfügbarkeit von Wasser angepasst. Die Fichte kann keine hohen Saugdrücke zur Mobilisierung von schwer verfügbarem, gebundenem Wasser aufbauen. Aus diesem Grund muss Wasser auf Fichtenstandorten leicht für den Baum zu erhalten sein.

Weißtanne *(Abies alba)*

Standortanspruch: gut wasserversorgte Böden, hohe Jahresniederschlagsmengen, kein Spätfrost
Lichtbedürftigkeit: Schattbaumart
Wurzelsystem: Pfahlwurzel
Bestäubungsform: windbestäubt
Zapfen: länglich, rundkuppig, aufrecht auf den Zweigen stehend, auf dem Baum zerfallend
Rinde: hellgrau bis weißlich, in der Jugend glatt, später Schuppenborke
Triebe und Nadeln: dunkel- bis blaugrüne Nadeln, unterseitig gut sichtbare weiße Stomatabänder (Spaltöffnungen für den Gasaustausch zur Fotosynthese), Nadeln gescheitelt
Verwendung: Konstruktionsholz, Möbel
Wissenswertes: Die jungen hellgrünen Maitriebe der Tanne sind essbar und schmecken sehr erfrischend zitrusähnlich. Aus ihnen lässt sich ein sehr schmackhaftes Pesto zubereiten.

Europäische Lärche *(Larix decidua)*

Standortanspruch: hohe ökologische Amplitude, Baumart der Hochlagen, keine hohen Ansprüche bezüglich Nährstoffausstattung, keine Staunässe, auch an trockenen Standorten vorkommend
Lichtbedürftigkeit: Lichtbaumart (Pionierbaumart)
Wurzelsystem: Herzwurzel
Bestäubungsform: windbestäubt
Zapfen: klein, rundlich, aufrecht stehend an Kurztrieben
Rinde: rötlich braun, stark geschuppte, längsrissige, sehr dicke Borke
Triebe und Nadeln: weiche hellgrüne Nadeln, die in Büscheln an den Trieben wachsen
Verwendung: Konstruktionsholz, Holz für den Außenbereich, Fenster, Möbel
Wissenswertes: Die Lärche ist die einzige einheimische sommergrüne Nadelbaumart. Im Herbst verfärben sich alle Nadeln leuchtend gelb und fallen schließlich zu Boden.

Eibe *(Taxus baccata)*

Standortanspruch: standörtlicher Mittelbereich, gut wasserversorgte Böden, humusreiche Lehme und Feinlehme
Lichtbedürftigkeit: Schattbaumart
Wurzelsystem: Herzwurzel
Bestäubungsform: windbestäubt
Sämereien: Samen von einem roten Arillus (fleischigen Samenmantel) umhüllt
Rinde: rötlich braun, dünn und in unregelmäßigen Flecken abplatzende Borke, Stammquerschnitt selten kreisrund
Triebe und Nadeln: dunkelgrüne, sehr weiche, gescheitelte Nadeln, Nadelansatz verläuft sichtbar ein paar Millimeter den Trieb entlang
Verwendung: Bögen fürs Bogenschießen, Drechslerhandwerk, Möbelbau, Kunsthandwerk
Wissenswertes: Die Eibe ist in allen Teilen giftig, mit Ausnahme der fleischigen roten Samenhüllen. Diese sind essbar und können sogar zu Marmelade verarbeitet werden. Allerdings besteht die Gefahr, die stark giftigen Kerne mitzuverarbeiten, also Vorsicht!

Waldkiefer *(Pinus sylvestris)*

Standortanspruch: hohe ökologische Amplitude, sowohl saure als auch basische Standorte, tolerant gegenüber hohen wie auch geringen Niederschlagsmengen, anspruchslos in Bezug auf die Nährstoffausstattung
Lichtbedürftigkeit: Lichtbaumart (Pionierbaumart)
Wurzelsystem: Pfahlwurzel
Bestäubungsform: windbestäubt
Zapfen: relativ klein, rundlich, sich zur Spitze hin verjüngend. Zapfen verbleiben mehrere Jahre auf dem Baum.
Rinde: fuchsrote Spiegelrinde, d.h. fuchsrote Rindenfärbung in Kronennähe, am Stammfuß graubraun, in großen Platten eingerissen, Platten in Kronennähe glänzend
Triebe und Nadeln: lange, paarig wachsende blaugrüne Nadeln
Verwendung: Fenster, Möbel, Konstruktionsholz
Wissenswertes: Ähnlich wie bei der Weißtanne (*Abies alba*) kann bei Lausbefall in Kiefernbeständen ein hervorragender Waldhonig gewonnen werden. Im Frühjahr stechen Baumläuse in die jungen Baumtriebe, um von dort den zuckerhaltigen Pflanzensaft aufzunehmen. Überschüssiger Pflanzensaft wird als Honigtau von der Laus wieder abgegeben, von Bienen aufgenommen und zum Stock transportiert.

Zirbe *(Pinus cembra)*

Standortanspruch: Gebirgsbaumart bis zur Waldgrenze, frische, tiefgründige Böden, eher saure Standorte, ausgesprochene Frosthärte
Lichtbedürftigkeit: Lichtbaumart
Wurzelsystem: Senkerwurzel
Bestäubungsform: windbestäubt
Zapfen: erst violett, später hellbraun, klein, oval, verbleiben mehrere Jahre auf dem Baum.
Rinde: grau bis rötlich, in Schuppen aufgeplatzt
Triebe und Nadeln: fünfnadelig, kräftige dunkelgrüne bis leicht bläuliche Nadeln
Verwendung: Innenausbau, Konstruktion, Kosmetik (Salben, Öle, Cremes)
Wissenswertes: Die Zapfen der Zirbe lassen sich in Alkohol einlegen und zu einem schmackhaften Schnaps ansetzen. Zirbenholz ist für seinen betörenden Duft bekannt, aus diesem Grund werden auch Duftsäckchen, die mit Zirbenspänen gefüllt sind, angeboten.

Latschenkiefer *(Pinus mugo)*

Standortanspruch: Gebirgsbaumart der Waldgrenze, sowohl an sehr trockenen, flachgründigen als auch an feuchten Standorten vorkommend
Lichtbedürftigkeit: Lichtbaumart
Wurzelsystem: oberflächennahes Wurzelsystem
Bestäubungsform: windbestäubt
Zapfen: hellbraun, klein, spitz zulaufend, dreijährige Entwicklung der Zapfen
Rinde: hellgrau, relativ glatt, kleine Schuppen
Triebe und Nadeln: paarige, relativ kurze, sehr kräftige dunkelgrüne Nadeln
Verwendung: Kosmetik (Öle, Balsam, Badezusatz), Heilkunde
Wissenswertes: Die meist strauchförmig wachsende Latschenkiefer ist im Gebirge häufig über viele Monate mit Schnee bedeckt. Dabei wird sie häufig von einer Pilzerkrankung, dem sogenannten Schwarzen Schneeschimmel, befallen. Das ganze Nadelwerk, das schneebedeckt ist, stirbt dabei ab.

Weymouthskiefer *(Pinus strobus)*

Standortanspruch: gut drainierte, lehmige Böden, frische Sande und Kiese
Lichtbedürftigkeit: Halbschattbaumart
Wurzelsystem: Pfahlwurzel
Bestäubungsform: windbestäubt
Zapfen: graubraun, groß, hängend, länglich, Zapfenschuppen weit abstehend
Rinde: graubraun, längsrissig
Triebe und Nadeln: fünfnadelig, relativ lange satt- bis gelbgrüne Nadeln
Verwendung: Leichtbau, Bienenkästen
Wissenswertes: Aufgrund einer für diese Baumart typischen Krankheit (Weymouthskiefern-Blasenrost) kann diese Kiefer nicht in größeren Stückzahlen eingebracht werden, da sich das Befallsrisiko bei steigender Individuenanzahl deutlich erhöht. Einzelne Gruppen von fünf bis sechs Bäumen im Endbestand sind jedoch durchaus möglich.

Schwarzkiefer *(Pinus nigra)*

Standortanspruch: warme Standorte mit sandigen, aber auch tonigen Böden, relativ anspruchslos in Bezug auf Niederschläge, keine Staunässe
Lichtbedürftigkeit: Lichtbaumart
Wurzelsystem: Pfahlwurzel
Bestäubungsform: windbestäubt
Zapfen: gelblich bis hellbraun, seitlich von den Zweigen abstehend, spitz zulaufend
Rinde: mittel- bis dunkelgrau, plattenförmig eingerissen
Triebe und Nadeln: zweinadelig, lange dunkelgrüne Nadeln (deutlich länger als bei der Waldkiefer [*Pinus sylvestris*])
Verwendung: Konstruktionsholz, Fenster, Faserholz
Wissenswertes: In Deutschland wird hauptsächlich die Schwarzkiefer-Subspezies aus dem Wiener Becken (*Pinus nigra austriaca*) gepflanzt, da sie von allen Schwarzkiefervarietäten die größte Frosthärte besitzt.

Küstentanne *(Abies grandis)*

Standortanspruch: nährstoffreiche, tiefgründige, lockere Böden, keine Staunässe
Lichtbedürftigkeit: Halbschattbaumart
Wurzelsystem: Pfahlwurzel
Bestäubungsform: windbestäubt
Zapfen: hellgrün, bei Reife rötlich braun, länglich, rundkuppig, gedrungen wirkend
Rinde: gräulich, relativ glatt, von Harzblasen übersät
Triebe und Nadeln: lange, gescheitelte, relativ weiche sattgrüne Nadeln, in zwei Reihen übereinander angeordnet (jeweils längere und kürzere), markante Stomatabänder an der Nadelunterseite
Verwendung: Faserholz, Verpackung, Paletten
Wissenswertes: Die Küstentanne zeichnet sich durch ein schnelles Wachstum aus. Das bringt den Nachteil mit sich, dass die Jahrringe sehr breit sind, was in diesem Fall eine Überprüfung der Materialfestigkeit jeder einzelnen Charge notwendig macht. In Europa ist dieses Vorgehen im Gegensatz zu den USA kein Standard, weshalb die Küstentanne hierzulande nur eingeschränkt im Konstruktionsbereich eingesetzt werden kann.

Libanonzeder *(Cedrus libani)*

Standortanspruch: kalkhaltige, warme Standorte, lehmige Böden, hohe Toleranz gegenüber Trockenheit
Lichtbedürftigkeit: Lichtbaumart
Wurzelsystem: Pfahlwurzel
Bestäubungsform: windbestäubt
Zapfen: oval, relativ kurz, längliche und eng stehende Zapfenschuppen
Rinde: grau bis bräunlich, längsrissig
Triebe und Nadeln: weiche hellgrüne Nadeln an Büscheln, zahlreiche, einzeln stehende Nadeln an den Trieben und Triebenden

Verwendung: Schiffbau, Möbel, Furnier, Holz für den Außenbereich
Wissenswertes: Die Libanonzeder ist der Flaggenbaum des Libanon. Das wertvolle Holz hat eine große historische Bedeutung. Eine Übernutzung hat die Baumart in ihrem Ursprungsgebiet an den Rand des Aussterbens gedrängt. Heute befinden sich einige Zedernwälder des Libanon in Schutzgebieten, so z.B. im Naturreservat Al-Shouf Cedar.

Riesenmammutbaum *(Sequoiadendron giganteum)*

Standortanspruch: gut durchlüftete und gut wasserversorgte Böden, hohe Toleranz gegenüber trockenen und warmen Sommern
Lichtbedürftigkeit: Lichtbaumart
Wurzelsystem: Pfahlwurzel
Bestäubungsform: windbestäubt
Zapfen: sattbraun, klein, oval, rau, Zapfenschuppen spiralig. Zapfen verbleiben z. T. jahrzehntelang am Baum, Samen werden bei Hitze entlassen.
Rinde: extrem dicke, weiche hellbraune Rinde, fasrig, klingt beim Abklopfen hohl
Triebe und Nadeln: bläuliche Nadeln, Ausformung als Schuppenblätter, spiralig angeordnet, sehr derb und plattenförmig wirkend
Verwendung: Konstruktionsholz, Möbel
Wissenswertes: Der Riesenmammutbaum erreicht in seinem Herkunftsgebiet, den Westhängen der Sierra Nevada in Kalifornien, Höhen von bis zu 120 m.

Douglasie *(Pseudotsuga menziesii)*

Standortanspruch: Lehme, tiefgründige Böden, hohe Toleranz gegenüber trockenen, warmen Sommern, keine Staunässe
Lichtbedürftigkeit: Halbschattbaumart
Wurzelsystem: Herzwurzel
Bestäubungsform: windbestäubt
Zapfen: hellbraun, spitz zulaufend, hängend, Deckschuppen mit drei langen, zugespitzten Enden
Rinde: mittel- bis dunkelbraun, sehr grob längsrissig

Triebe und Nadeln: nach Zitrusfrucht duftende, weiche hell- bis blaugrüne Nadeln, rund um den Trieb angeordnet
Verwendung: Konstruktionsholz, Holz für den Außenbereich, Möbel
Wissenswertes: Der aktuell höchste Baum Deutschlands ist mit über 65 m eine Douglasie. Sie steht bei Freiburg im Breisgau und wurde von Freiburger Förstern auf den Namen »Waldtraut vom Mühlwald« getauft.

Literaturverzeichnis

1. Kölling, Christian, »Klimahüllen für 27 Waldbaumarten«, AFZ – Der Wald, Ausgabe 23, 2007, S. 42–45.

2. Statistisches Bundesamt, »Flächennutzung«, URL: https://www.destatis.de/DE/Themen/Branchen-Unternehmen/Landwirtschaft-Forstwirt schaft-Fischerei/Flaechennutzung/siedlungsverkehrs-flaeche_aktuell.html, abgerufen am 27. Juli 2022.

3. Bundesministerium für Ernährung und Landwirtschaft, »Der Wald in Deutschland – Ausgewählte Ergebnisse der dritten Bundeswaldinventur«, Frankfurt am Main: Druck- und Verlagshaus Zarbock GmbH & Co. KG, 3. korrigierte Auflage, 2018, S. 10.

4. Kraft, Gustav, »Beiträge zur Lehre von den Durchforstungen, Schlagstellungen und Lichtungshieben«, Hannover: Klindworth, 1884, S. 22.

5. Scherzinger, Wolfgang, »Naturschutz im Wald: Qualitätsziele einer dynamischen Waldentwicklung«, Stuttgart: Ulmer, 1996, S. 64, 71 ff.

6. Mosandl, Reinhard und Paulus, Franz, »Rationelle Pflege junger Eichenbestände«, AFZ – Der Wald, Ausgabe 11, 2002, S. 581-584.

7. Rittershofer, Fredo, »Waldpflege und Waldbau – Für Studium und Praxis«, 2. neu bearbeitete Auflage, Freising: Gisela Rittershofer Verlag, 1999, S. 41.

8. Sitte, Peter; Weiler, Elmar W.; Kadereit, Joachim W.; Bresinsky, Andreas; Körner, Christian, »Strasburger Lehrbuch der Botanik«, 35. Auflage, Berlin: Spektrum Akademischer Verlag GmbH Heidelberg, 2002, S.163, 164.

Stichwortverzeichnis

Baumartenverzeichnis

Über die Autorin

Beatrice Jäger ist studierte Forst- und Holzwissenschaftlerin sowie passionierte Jägerin – und bricht mit allen Klischees: Lange blonde Haare und Lippenstift treffen auf Fachwissen und eine ausgeprägte Leidenschaft zu allen Themen rund um Forstwirtschaft, Wald- und Umweltschutz, einen nachhaltigen Lebensstil und Jagd. Auf Instagram nimmt die Autorin als »mrswildboar« ihre zahlreichen Follower täglich mit in den Wald und auf den Hochsitz und lässt sie an ihrer Arbeit als Försterin sowie an der Jagdausübung teilhaben. Und das absolut nahbar, authentisch und sympathisch! Beatrice Jäger ist selbst als Jägerausbilderin tätig, engagiert sich in der Umweltbildung und in der Jagdhundeausbildung bei ihrer Heimatkreisgruppe des Bayerischen Jagdverbandes. Darüber hinaus ist sie Redakteurin im Bereich Forst bei der Jagdzeitschrift »Die Jägerin«, Autorin bei der »Jagd in Bayern« (Mitgliederzeitschrift des Bayerischen Jagdverbandes) und Hauptakteurin in vielen Fernsehbeiträgen.

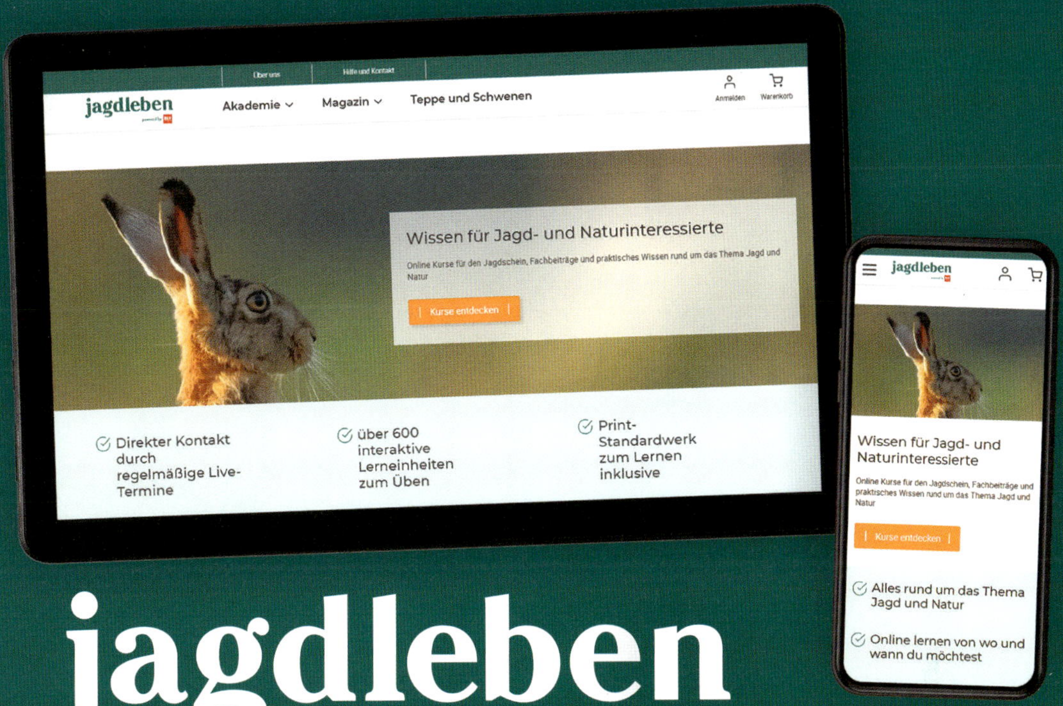
Über uns
Hilfe und Kontakt
jagdleben
Akademie
Magazin
Teppe und Schwenen
Anmelden
Warenkorb
Wissen für Jagd- und Naturinteressierte
Online Kurse für den Jagdschein, Fachbeiträge und praktisches Wissen rund um das Thema Jagd und Natur
Kurse entdecken
Direkter Kontakt durch regelmäßige Live-Termine
über 600 interaktive Lerneinheiten zum Üben
Print-Standardwerk zum Lernen inklusive
Alles rund um das Thema Jagd und Natur
Online lernen von wo und wann du möchtest

Impressum

BLV

BLV ist eine eingetragene Marke der
GRÄFE UND UNZER VERLAG GmbH, www.blv.de

ISBN 978-3-96747-116-8

1. Auflage 2023

Projektleitung: Dr. Folko Kullmann
Bildredaktion: Angelika Lang
Lektorat: Angelika Glock, Stephanie Schlicht
Korrektorat: Stephanie Schlicht
Herstellung: Gloria Schlayer
Umschlaggestaltung und Layout: kral&kral design, Dießen a. Ammersee
Satz: Anton Walter, Gundelfingen
Repro: Longo AG, Bozen
Druck und Bindung: Firmengruppe APPL, aprinta druck, Wemding

Umwelthinweis:
Nachhaltigkeit ist uns sehr wichtig. Der Rohstoff Papier ist in der Buchproduktion hierfür von entscheidender Bedeutung. Daher ist dieses Buch auf PEFC-zertifiziertem Papier gedruckt. PEFC garantiert, dass ökologische, soziale und ökonomische Aspekte in der Verarbeitungskette unabhängig überwacht werden und lückenlos nachvollziehbar sind.

Bildnachweis

Alle Fotos stammen von der Autorin, mit Ausnahme von:
AdobeStock: Seite 5-1, 15, 21, 23, 26, 27, 35, 85-1, 136, 137, 148, 167-1, 168-1, 169-1, 171-1, 172-1, 174-1, 175-1, 177-1, 179-1, 180-1, 180-2, 181-1, 183-1, 185-1, 186-1, 187-1, 188-1, 189-1, 190-1, 191-1, 192-1, 194-1, 194-4, 196-1, 197-3, 198-1, 201-2, 201-3, 202-1, 203-1, 204-1, 204-3, 205-3, 206-2, 206-3, 207-1, 208-1, 208-3; **Getty Images:** Seite 201-1; **mauritius images:** Seite 197-1, 200-1; **Naturland – Verband für ökologischen Landbau e.V.:** 41-2; **PEFC Deutschland e.V.:**41-1; **shutterstock:** Seite 156-1, 156-2, 156-3, 170-1, 176-1, 178-1, 182-1, 184-1, 184-2, 193-1, 199-1, 205-1, 206-1. **Reiner Wagner:** Seite 5-2, 6, 29, 60, 79, 81, 104-2, 105, 107, 142, 152. **Wikipedia:** Seite 33, 51, 53, 157.

Illustrationen:

Beatrice Jäger: Seite 69, 91, 92, 93, 94-1, 94-2, 95;
Mat Kovacic: Seite 42, 44-1, 114, 155;
Anton Walter: Seite 154.

Wichtiger Hinweis

Das vorliegende Buch wurde sorgfältig erarbeitet. Dennoch erfolgen alle Angaben ohne Gewähr. Weder Autor noch Verlag können für eventuelle Nachteile oder Schäden, die aus den im Buch vorgestellten Informationen resultieren, eine Haftung übernehmen.

Liebe Leserin und lieber Leser,
wir freuen uns, dass Sie sich für ein BLV-Buch entschieden haben. Mit Ihrem Kauf setzen Sie auf die Qualität, Kompetenz und Aktualität unserer Bücher. Dafür sagen wir Danke! Ihre Meinung ist uns wichtig, daher senden Sie uns bitte Ihre Anregungen, Kritik oder Lob zu unseren Büchern. Haben Sie Fragen oder benötigen Sie weiteren Rat zum Thema?
Wir freuen uns auf Ihre Nachricht!

GRÄFE UND UNZER Verlag
Grillparzerstraße 12
81675 München
www.graefe-und-unzer.de

GRÄFE UND UNZER
Ein Unternehmen der
GANSKE VERLAGSGRUPPE